Wolfgang Fleischer
Typenkompass
Bespannte Fahrzeuge des
deutschen Heeres bis 1945

Typenkompass

Wolfgang Fleischer

Bespannte Fahrzeuge des deutschen Heeres

bis 1945

Motor buch Verlag

Einbandgestaltung: Sven Rauert

Bildnachweis: Fleischer (99), Haug (1), Messer (1), MHM (38),
Müller (1).

Eine Haftung des Autors oder des Verlages und seiner Beauftragten für Personen-, Sach- und Vermögensschäden ist ausgeschlossen.

ISBN 978-3-613-03290-3

1. Auflage 2011

Sie finden uns im Internet unter www.motorbuch-verlag.de

Lektor: Joachim Köster
Innengestaltung: Anita Ament, Leonberg
Druck und Bindung: Kessler Druck + Medien, 86399 Bobingen
Printed in Germany

Inhalt

Vorwort

Wagen (abgeleitet vom althochdeutschen »Wagen« – das sich Bewegende, Fahrende) für den Transport von Gütern und Menschen, als Kampf- oder Streitwagen für den Krieg und als Fahrzeuge für kultische Zwecke begleiten die Menschen schon seit dem Altertum. Bis zur Erfindung des Verbrennungsmotors und des Automobils sowie deren Nutzung als militärische Transportmittel bestimmten durch die Muskelkraft der vorgespannten Tiere oder Menschen fortbewegte Fahrzeuge das Erscheinungsbild der Streitkräfte. In Deutschland leisteten sie bis zum Ende des Zweiten Weltkrieges einen wichtigen Beitrag bei der Sicherstellung der taktischen Mobilität und logistischen Versorgung der Truppen des Feld- und Ersatzheeres.
Heute sind militärische Wagen in Vergessenheit geraten, mit ihnen eine jahrtausende alte, hochentwickelte Transporttechnologie. Vergessen wurde weiterhin, dass der technische Fortschritt an der Wende vom 19. zum 20. Jahrhundert von Pferden gezogen in den Streitkräften Eingang gefunden hat. Üblicherweise denkt man in diesem Zusammenhang vor allem an moderne Rohrrücklaufgeschütze und Maschinengewehre, die mit ihrer bis dahin nicht gekannten Vernichtungskraft das Geschehen auf dem Schlachtfeld nachhaltig beeinflussen sollten. Pferde bewegten auch die Ballonwinden, Feldröntgenwagen, Wasseraufbereiter und Scheinwerfer der Flak, um nur einige wenige Beispiele zu nennen.
Das Kraftfahrzeug trat nur allmählich, in einem ein halbes Jahrhundert dauernden Entwicklungsprozess, an ihre Stelle.

Der Autor der hier vorgelegten Arbeit beschäftigt sich seit 30 Jahren mit militärischen Feldfahrzeugen deutscher Provenienz. Es ist ein spannendes Thema, nicht nur wegen der mühevollen Beschaffung von Informationen. Amtliche Unterlagen, vor allem gedruckte Vorschriften und Verordnungen, standen nur in geringem Umfang zur Verfügung. Gleiches gilt für die Fachliteratur. Originale Feldwagen sind selten zu finden.
Mit dieser Veröffentlichung verbindet sich nicht der Anspruch auf Vollständigkeit. Erstens, weil der verlagsseitig vorgegebene Rahmen in der Edition Typenkompass nur eine Auswahl von etwa 100 Fahrzeugen zuließ. Andererseits war es die erklärte Absicht des Verfassers, die Vielfalt und Breite der Verwendungsmöglichkeiten der mit Muskelkraft bewegten militärischen Wagen aufzuzeigen. Die Unvollständigkeit der Beschreibung einzelner Modelle wurde dabei in Kauf genommen. Der Leser wird um Verständnis gebeten.

Der Dank gilt denen, die bei der Beantwortung der zahlreichen Fragen mit Geduld geholfen haben. An dieser Stelle sind besonders die Mitarbeiterinnen der Fachinformationsstelle und des Sachgebietes Bildgut im Militärhistorischen Museum der Bundeswehr Dresden zu nennen.

Freital, April 2011,
Wolfgang Fleischer

Zur Technik und Geschichte der deutschen Feldfahrzeuge

Militärische Feldfahrzeuge, wozu unter anderem die Geschütze mit ihren Protzen und die Munitionswagen zählten, mussten der Truppe auf dem Gefechtsfeld folgen können. Daraus ergaben sich hohe Anforderungen an ihre Widerstandsfähigkeit, die sich mit guter Lenkbarkeit sowie großer Biegsamkeit zum Durchfahren von Gräben und Trichtern vereinen mussten. Sie durften einerseits nicht zu schwer sein, sollten aber andererseits mit einem großen Laderaum den Wünschen nach möglichst viel Zuladung von Munition, militärischen Nachschubgütern aller Art sowie verschiedener Geräte und Ausrüstungen entsprechen. Eine große Geländegängigkeit erreichten am besten Fahrzeuge, die nach dem *Balanciersystem* gebaut waren. Bei ihnen war die Verbindung zwischen dem Vorderwagen (der Protze) und dem Hinterwagen (der Geschützlafette oder dem Munitions-, Vorrats-, Beobachtungswagen) so weit hinter die Vorderachse gelegt, dass der Druck des Hinterwagens die Deichsel im Gleichgewicht hielt. Die Verbindung selbst wurde über den Protzhaken, auch Protznagel genannt, sichergestellt. Bei neueren Fahrzeugen war sie gefedert. Dadurch wurden die Pferde beim Fahren im unebenen Gelände entlastet.

Bei Gepäck- und Vorratswagen lag die durch einen Langbaum hergestellte Verbindung zwischen dem Vorder- und dem Hinterwagen vielfach unter der Vorderachse. Hier sprach man vom *Unabhängigkeitssystem*.

Eine dritte Gruppe militärischer Feldfahrzeuge, deren Verwendung fast ausschließlich auf Straßen und Wegen vorgesehen war, ist nach dem *Protznagelsystem* konstruiert worden. Hier wurde die Verbindung durch einen Protznagel senkrecht über der Vorderachse hergestellt; das über diesen gestreckte Lenkscheit hielt die Deichsel waagerecht, indem es gegen den Boden des Wagenkastens gedrückt wurde. Lenkbarkeit und Biegsamkeit waren hier wesentlich geringer.

Ein akzeptabler Kompromiss wurde mit der Konstruktion des leichten Proviantwagens von 1895 erreicht. Sein Wagenkasten zeigte erstmals die für deutsche Feldwagen so typischen zweigeteilten Wagenkasten, den vorderen Teil mit schrägen und den hinteren Teil mit senkrechten Kastenwänden. Bei einem Laderaumvolumen von 1,3 m^3 ergab sich ein Lenkungswinkel von 53°. Zum Vergleich: der schwere Proviantwagen von 1887 erreichte nur 46°, die nach dem Balanciersystem gebaute große Feldküche von 1908 demgegenüber 75°.

Weiterhin verwendete das Militär Karren und Schlitten als Feldfahrzeuge. Unter Karren wurden in ihrer militärischen Spezifikation einachsige Klein- und Handwagen verstanden, die vornehmlich in den Festungen (als Kugelkarren), bei der Infanterie-, der Sanitäts- und der Gebirgstruppe, den Pionieren sowie beim Luftschutz Verwendung gefunden haben. Während des Zweiten Weltkrieges erlangte diese Fahrzeugart in Gestalt des Infanteriekarrens noch einmal große Bedeutung. Schlitten traten in den Einsatzgebieten mit langandauernden und schneereichen Winterperioden an die Stelle der sonst üblichen Feldwagen und -karren.

Erwähnenswert sind noch die zahlreichen sogenannten landesüblichen Fahrzeuge, die während des Ersten und Zweiten Weltkrieges in den Dienst des Militärs übernommen wurden. Sie besaßen keine der eingangs genannten, von militärischen Feldfahrzeugen geforderten Eigenschaften. So lag ihr Lenkungswinkel beispielsweise nur bei 22 bis 30°. Ihre leichte Bauart gab der Truppe auf dem östlichen

Die sechsspännig gefahrene Feldkanone C/96 bildet mit der Feldprotze C/96 ein Fahrzeug nach dem Balanciersystem. Diese Aufnahme von einem Manöver aus der Zeit zwischen 1900 und 1905 zeigt anschaulich, welchen Belastungen Menschen, Tiere und Fahrzeuge beim Fahren in durchschnittenem Gelände ausgesetzt waren.

Kriegsschauplatz in der Schlammperiode auch bei Verwendung eines weniger leistungsfähigen Pferdeschlages ein Mindestmaß an Beweglichkeit. Ihr Nachbau als »Panjewagen« unterstrich den großen Bedarf.

Ganz ähnlich lagen die Dinge bei den Ersatzfeldwagen, deren Herstellung im Jahr 1939 bei Kriegsausbruch in Auftrag gegeben worden war. Mit der Mobilisierung und Aufstellung immer neuer Verbände stieg die Zahl der benötigten Feldwagen erheblich. Immerhin hatte das Heer im September 1939 103 Divisionen mobil zu machen, darunter 86 Infanterie- und drei Gebirgsdivisionen, hinzu kam noch eine Kavalleriebrigade. Für die 35 Infanteriedivisionen der 1. Welle sah der Kriegsstärkenachweis je 4842 Pferde und 919 bespannte Fahrzeuge vor. Bei den Divisionen der 2., 3. und 4. Welle schwankte die Zahl der bespannten Feldfahrzeuge zwischen 823 und 1529.
Die Haltbarkeit der Ersatzfeldwagen reichte nicht an die der Feldwagen heran. Das sah man wegen der in Aussicht gestellten kurzen Kriegsdauer auch nicht als notwendig an. Überzeugend war in erster Linie der Herstellungspreis. Dieser lag beim Ersatzfeldwagen 40 mit 960 Reichsmark nur etwa bei der Hälfte der Kosten für einen schweren Feldwagen (Hf. 2), der 1600 Reichsmark kostete. Damit verbundene erhebliche Rationalisierungseffekte blieben nicht ohne Einfluss auf die steigenden Fertigungszahlen. 1943 sind 120 400 und 1944 150 000 Feldwagen zur Auslieferung gekommen. Allein die Produktion des Infanteriekarrens (If. 8) erreichte 1943 38 500 und 1944 40 700 Stück.

Damit sind die wichtigsten Grundkonstruktionen militärisch genutzter Feldfahrzeuge schon beschrieben. Wesentlich umfangreicher wäre eine Auflistung und Beschreibung der verschiedenen Arten und Modelle. Sie kann deshalb nur angedeutet werden. Zu den ältesten militärischen Feldfahrzeugen gehören die Sattelprotzen und -wagen zum Fortschaffen der Geschütze, nebst den Wagen für den Schießbedarf, für das Zubehör und das Schanzzeug. Noch im 17. Jahrhundert sind Fuhrwerke aus der Landwirtschaft und von Fuhrunternehmen für den

Der Pontontrain des Königlich Preußischen Pionierkorps vor dem Mont Valèrien bei Paris. Im Vordergrund der Werkzeugwagen Nr. 1, im Hintergrund die Pontonhakets. Aufnahme aus der zweiten Februarhälfte 1871.

Nachschub angemietet worden. Erst nach 1741 wurde unter dem preußischen König Friedrich dem Großen die Beschaffung besonderer Brot-, Proviant-, Mehl- und Feldwagen angeordnet. 1860 gehörte zu jedem Armeekorps ein Trainbataillon mit zwei Kompanien und zwölf Übungsfahrzeugen. Als Kriegsfahrzeuge lagerte man den Proviantwagen C/59 in den Depots ein. Der Wagentyp hat 1866 während des Krieges mit Österreich wegen seiner geringen Lenkbarkeit völlig versagt und verursachte ausgedehnte Staus auf den Marschstraßen. Nachfolger wurde das Modell C/67, bald ersetzt durch die Proviantwagen C/87, 95 n/K und 05.

Nicht nur der Train bekam neue Feldwagen, auch alle anderen Teile der Streitkräfte, insbesondere die Artillerie. Hier waren es die rasanten Veränderungen auf dem Gebiet der Artilleriebewaffnung, die zur Einführung aptierter bzw. gänzlich neuer Feldwagen geführt haben. Für die Feldartillerie ergaben sich zum Ende des 19. Jahrhunderts zwei neue Modellreihen, als deren Batterien mit der 7,7-cm Feldkanone 96 und der 10,5-cm-Feldhaubitze 98 bewaffnet wurden. Bei der schweren Artillerie des Heeres, die als Fußartillerie bezeichnet wurde, griff man auf wesentlich stabilere Wagenkonstruktionen zurück, die auch nur von schweren Pferden bewegt werden konnten. Die Geschützstaffel einer Mörserbatterie mit vier 21-cm-Mörsern benötigte nach dem Kriegsstärkenachweis von 1910, um nur ein Beispiel zu nennen, 102 Tiere.

Bei der Infanterie kamen ebenfalls neue Feldwagen zur Einführung. Dazu zählten Patronenwagen für die Kompanien, Bataillone und die Munitionskolonnen. 1909 wurde der bereits seit fünf Jahren bei der Garde-Schützendivision in Berlin-Lichterfelde erprobte Gewehrwagen 08 für das schwere Maschinengewehr 08 Bestandteil der neu aufzustellenden Maschinengewehrkompanien. Um 1900 war die Modellvielfalt der Munitions-, Patronen-, Lebensmittel-, Futter-, Pack- und Sanitätswagen im Heer kaum noch überschaubar.

Bei den Pionieren, der Eisenbahn-, Fernsprech- und Funktruppe hielten Sonderfahrzeuge aller

Art Einzug. Bei den Kolonnen und Trains sind die Brückentrains mit ihrem Brückengerät, die Feldlazarette mit ihren Sanitäts-, Geräte- und Packwagen, die Feldbäckereikolonnen mit ihren fahrbaren Feldbacköfen zu nennen; den Nachschub bewältigten die Infanterie- und Artillerie-Munitionskolonnen mit ihren Patronen- und Munitionswagen, sowie die Proviant- und Fuhrparkkolonnen mit ihren verschiedenen Proviant-, Futter- und Lebensmittelwagen. Im Etappengebiet waren zum Transport von Verpflegung die Etappenfuhrparkkolonnen, zur Füllung und Verlegung von Magazinen die Magazinfuhrparkkolonnen und zum Transport der Munition die Etappenmunitionskolonnen vorgesehen. Sie wiederum ergänzten ihren Fahrzeugbestand aus landesüblichen oder Ersatzfahrzeugen.

Auf dem Gebiet des Feldsanitätswesens entstanden Fahrzeuge mit Pferdebespannung, die von großer Bedeutung für die Gesunderhaltung der Truppe waren: Feldröntgenwagen, der Entlausungswagen, der fahrbare Trinkwasserbereiter sowie der Bade- und Desinfektionswagen. Einzig die für die Erhaltung der Gesundheit und Leistungsfähigkeit der Truppe ebenso wichtige fahrbare Feldküche, die ab 1908 zur Einführung gelangte, zählte zur einheitlichen Ausstattung aller Waffengattungen des Heeres.

Mit der Fahrzeugvielfalt und der großen Zahl der benötigten Feldwagen waren bei längerer Kriegsdauer Probleme vorprogrammiert. Die nachfolgende Aufstellung, eine Auswahl der allein von den 19 preußischen Trainabteilungen im Kriegsfall aufzustellenden Formationen, vermittelt ein Bild von dem bei der Mobilmachung am 1. August 1914 fälligen Bedarf an Pferden und Fahrzeugen:

Die Zahl der benötigten Feldwagen stieg im Kriegsverlauf weiter an. Nach den Vorgaben des Hindenburg-Programmes vom Herbst 1916 sollte die monatliche Fertigung von 5000 bis 6 000 auf 40 000 Wagen gesteigert werden. Um diese große Stückzahl bereitstellen zu können, verfolgte die Heeresverwaltung zwei Wege. Erstens wollte man einfacher herzustellende landesübliche Fahrzeuge nachbauen und zweitens wurde eine weitgehende Vereinheitlichung der Feldwagenmodelle angestrebt. Dem entsprach man mit der verstärkten Ausgabe der leichten Proviantwagen 95 n/K, schweren Proviantwagen 05 und kleinen Proviantwagen 16. In diesem Zusammenhang ordnete das Armee-Verwaltungs-Departement am 28. Januar 1917 ihre Umbenennung in Feldwagen an. Auch in der Organisation der Truppe gab es Veränderungen. Ein Beispiel dafür sind die Munitionskolonnen n/A, auch als Einheitsmunitionskolonnen bezeichnet. Neu war deren einheitliche Ausstattung mit 50 leichten Feldwagen 95. Sie lösten zumindest teilweise die Munitionswagen 96 sowie die Feldhaubitz-Munitionswagen 98.08 ab. Ein weiteres Beispiel: Die zahlenmäßige Verstärkung der Maschinengewehre in den Maschinengewehrformationen warf das Problem ihres Transportes auf. Für diesen Zweck wurden den Einheiten leichte Feldwagen 95 und kleine Feldwagen 16 zugewiesen. Mit den entsprechenden Einbauten versehen, traten sie mit Maschinengewehren 08 und 08/15 an die Stelle der zweiteiligen, nach dem Balanciersystem gebauten Gewehr-

Bezeichnung	**Zahl der Aufstellungen**	**Zahl der Pferde**	**Zahl der Wagen**	**Summe der Pferde**	**Summe der Wagen**
Proviantkolonnen	134	141	29	18 894	3 886
Fuhrparkkolonnen	211	139	50	29 329	10 550
Pferdedepots	42	107	2	4 494	84
Feldbäckereikolonnen	68	99	25	6 732	1 700
Sanitätskompanien	86	51	13	4 386	1 118
Summe				63 835	17 338

Marschbereite Proviantkolonne mit zweispännig gefahrenen leichten Proviantwagen 95 n/K. Aufnahme aus der Zeit des Ersten Weltkrieges (1914/1915).

und Munitionswagen 08, 11 und 12. Als eine weitere Entwicklungslinie ist die Beschaffung neuer Feldfahrzeuge erkennbar. Sie entstehen im Zusammenhang mit der Einführung verbesserter Waffen, Geräte und Ausrüstungen. Beispiele dafür sind unter anderem Karren für Minenwerfermunition und Feldfunkstationen mit Schubkurbelmast. Gleichzeitig wird, und das ist die wesentlich bedeutendere Entwicklung, die Zahl der verschiedenen Feldwagenmodelle vermindert.

Nach dem Ersten Weltkrieg behielt die auf 100 000 Mann reduzierte Reichswehr die Wagenmodelle bei, musste natürlich deren Zahl vermindern. Beispielsweise ordnete das Kriegsministerium am 2. Februar 1919 an, dass die aus dem Felde zurückgeführten bzw. noch in den Depots vorhandenen schweren Feldwagen 05 ausgesondert werden. Sie waren zu schwer. Das war auch der Grund, warum sie sich nicht zu einem Verkaufsschlager entwickelten. Größeres Interesse bestand in der Landwirtschaft an den vielen vom östlichen Kriegsschauplatz mitgebrachten leichten landesüblichen Fahrzeugen. Deshalb sah sich das Kriegsministerium am 27. April 1919 dazu veranlasst, folgendes anzuordnen: »Bei dem großen Mangel an landwirtschaftlichen Fahrzeugen werden diese Wagen von der Landbevölkerung dringend gebraucht. Die Beutewagen sind daher freizugeben und alsbald der Verwertung zuzuführen.«

An den bei der Truppe verbliebenen Fahrzeugen ergaben sich kleinere Veränderungen. So erhielt der kleine Feldwagen 16 (Typ 05) ab Mai 1921 nur noch Räder mit einer Radreifenbreite von 55 mm. Ende der 1920er Jahre bekam die Artillerie- und Nachschubtruppe die ersten zweiteiligen Fahrzeuge nach dem Balanciersystem, deren Kastenaufbauten aus Stahlblech gefertigt waren. Allen Fahrzeugen ordnete man Fahrzeugnummern zu, wobei nachfolgende Unterteilung vorgenommen wurde:

Eine Fuhrparkkolonne mit leichten Feldwagen 95 auf dem galizischen Kriegsschauplatz. Um die Pferde zu schonen, wurden die Wagen vierspännig gefahren. Aufnahme aus den Jahren 1917/1918.

1 Feldfahrzeuge zur allgemeinen Verwendung, allgemeines Heergerät = Hf.
2 Schlitten zur allgemeinen Verwendung, = Hs.
3 Feldfahrzeuge der Artillerie, = Af.
4 Feldfahrzeuge der Infanterie, = If.
5 Feldfahrzeuge der Pioniere, = Pf.
6 Feldfahrzeuge der Nachrichtentruppe, = Nf.
7 Feldfahrzeuge der Verwaltungstruppen, Verwaltungsgerät = Vf.

Eine grundsätzliche Erneuerung der militärischen Feldfahrzeuge deutete sich Anfang der 1930er Jahre mit dem Ganzstahlwagen an. 1932 hatte die Firma Welger aus Wolfenbüttel solche Fahrzeuge mit gummibereiften Stahlspeichen- bzw. Stahlscheibenrädern auf den Markt gebracht. Die Preise lagen zwischen 750 und 950 Reichsmark. Die stabile Konstruktion mit einem Wagenkasten aus Stahlblech, die gute Lenkbarkeit und große Biegsamkeit sowie die gegenüber dem leichten Feldwagen (Hf. 1) überlegene Ladefähigkeit weckten das Interesse militärischer Dienststellen. Hier erhoffte man sich mit solchen Feldwagen eine Verkürzung der Marschkolonnen, und dank der gummibereiften Räder waren schnelle Truppenverschiebungen jederzeit auch im Kraftzug möglich. Kritisch angemerkt wurde lediglich der hohe Bedarf an Stahl, der in Kriegszeiten als Sparstoff eingestuft wurde. Daran hatte es bereits im Ersten Weltkrieg gemangelt, als die Beschaffung der vielen Beschläge für die hochlaufende Feldwagenproduktion organisiert werden musste. Bedeutung erlangten deshalb nur der Krankenwagen (Sf. 2), der Stahlfeldwagen (Hf. 7), der Maschinengewehrwagen (If. 5) und der Infanteriekarren (If. 8).
Nicht zu unterschätzen ist der Wert erbeuteter Feldfahrzeuge. So konnten die Divisionen der 5. Aufstellungswelle zu Beginn des Zweiten Weltkrieges nur beweglich gemacht werden, weil tschechoslowakisches Material in ausrei-

Pferdebespannter Transportwagen für Fluggerät. Eingesetzt wurden solche Fahrzeuge in der Zuständigkeit der Etappenflugzeugparks. Aufnahme aus dem Jahr 1919.

chender Menge zur Verfügung stand. Das wiederholte sich bei den 32 Verbänden der 13., 14. und 15. Aufstellungswelle, die mit den im Sommer 1940 in Frankreich erbeuteten Fahrzeugen ausgestattet wurden.
Über die Verwendung landesüblicher und Ersatzfahrzeuge, ob requiriert oder nachgebaut, war an anderer Stelle bereits berichtet worden. 1945 musste angesichts des Mangels die Ausstattung der Verbände mit Feldfahrzeugen erneut gekürzt werden. Eine Infanteriedivision verfügte demnach über ein Soll von 1 273 Feldfahrzeugen. Im Sturmprogramm vom Oberkommando des Heeres / Generalstab des Heeres, Abteilung III, hieß es am 9. Januar 1945 unter dem Punkt 8 Allgemeines Heeresgerät: »Ausstattungsschwierigkeiten und weitgehende Entmotorisierung der Infanterie zwingen zu einer Entfeinerung und Vereinfachung der Feldfahrzeuge sowie zur behelfsmäßigen Herstellung und Beschlagnahme durch die Truppe.«
In den deutschen Streitkräften besaßen bespannte Feldfahrzeuge aller Art bis zum Ende des Zweiten Weltkrieges einen überragenden Wert für die taktische Beweglichkeit und logistische Versorgung der kämpfenden Truppe.
Das stellte sich bei den Gegnern des Deutschen Reiches anders dar. Ihre Streitkräfte waren 1944/45 im Wesentlichen vollmotorisiert. Eine gewisse Ausnahmestellung nahm lediglich die Rote Armee ein. Insgesamt zeigt sich, dass die Rüstungsindustrie des Deutschen Reiches nicht in der Lage war, eine vollmotorisierte Armee auszustatten und für eine längere Kriegsdauer zu unterhalten.
Der Kraftfahrzeugindustrie fehlte die notwendige Kapazität, selbst wenn man die Hersteller in den besetzten Ländern berücksichtigt. Hinzu kamen die Probleme bei der Bereitstellung von Mineralölprodukten, also von Treib- und Schmierstoffen, die sich im Kriegsverlauf immer schwieriger gestalteten.

Aufstellung eines Nachrichtenzuges im Stab eines Infanterieregimentes der Reichswehr. Erkennbar sind Funk- und Fernsprechwagen, rechts im Bild leichte Feldwagen (Hf. 1). Aufnahme aus der zweiten Hälfte der 1920er Jahre.

Ansicht eines Feldzeugamtes mit zur Auslieferung an die Truppe bereitgestellten leichten Feldwagen (Hf. 1), schweren Feldwagen (Hf. 2) sowie Ersatzfeldwagen 40. Aufnahme vom Frühjahr 1941.

Eine bespannte Nachschubeinheit des Heeres in der Donsteppe. Neben jedem zweispännig gefahrenen Ersatzfeldwagen läuft ein Reservepferd. Aufnahme vom Sommer 1942.

Das Ende 1945. Die Zahl der Feldwagen, Ersatzfeldwagen, Panjewagen, Protzen und Feldküchen erscheint nicht überschaubar.

Schwerer Proviantwagen C/1867

Jahr der Einführung	1867
Besatzung	2 Mann
Bespannung	4 Pferde
Gewicht, leer	1000 kg
Gewicht, beladen	
Länge	7731 mm (mit Deichsel)
Breite	1700 mm
Höhe	2130 mm
Bodenfreiheit	480 mm
Spurweite	1530 mm
Raddurchmesser	1234 mm vorn, 1548 mm hinten
Radreifenbreite	
Bereifung	Eisen
Federung	ohne

Konstruktive Details:
Zweiachsiges, nach dem Protznagelsystem (Unterlenker mit einem Lenkungswinkel von 49°) gebautes Fahrzeug, Vorderwagengestell mit Achse, Deichselaufnahme und Protznagel, Hinterwagengestell mit Fußbrett, Bocksitz, Wagenkasten mit Verdeck, am Heck angeordnete Aufnahme für ein Reserverad, auf der linken Seite Handrad für die auf die Räder der Hinterachse wirkende Wagenbremse.

Entwicklung / Einsatz / Besonderheiten:
1860 stand jedem preußischen Armeekorps ein Trainbataillon mit zwei Kompanien zu. Für die Mobilmachung im Kriegsfall hatte man Proviantwagen C/1859 in den Depots eingelagert, die dann an die Proviantkolonnen ausgegeben werden sollten. Nach dem Krieg mit Österreich im Jahr 1866 gelangte ein neues Fahrzeug, der schwere Proviantwagen C/1867, zur Einführung in den neu organisierten sowie zahlenmäßig verstärkten Train. Im Deutsch-Französischen Krieg von 1870/71 erwiesen sich der Proviantwagen C/1859 sowie der schwere Proviantwagen C/1867 als zu schwerfällig. Sie wurden in den folgenden Friedensjahren im Wirtschafts- und Ausbildungsbetrieb weitgehend aufgebraucht. An ihre Stelle traten leichter zu handhabende Feldwagen.

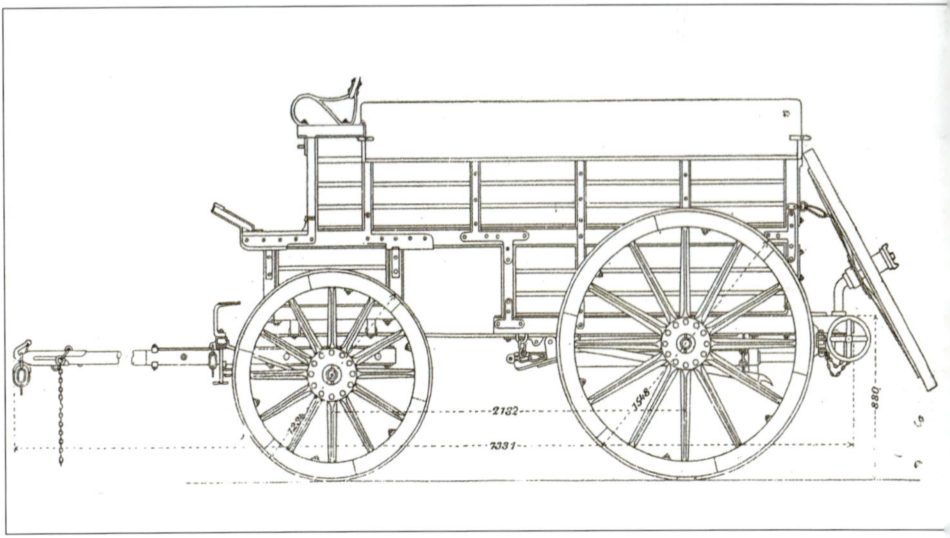

Leiterwagen

Jahr der Einführung	1871
Besatzung	2 Mann
Bespannung	4 Pferde
Gewicht, leer	730 kg
Gewicht, beladen	2230 kg
Länge	5650 mm (ohne Deichsel)
Breite	1750 mm
Höhe	1800 mm
Bodenfreiheit	
Spurweite	1500 mm
Raddurchmesser	1460 mm hinten (verschiedene Ausführungen)
Radreifenbreite	
Bereifung	Eisen
Federung	ohne

Konstruktive Details:
Zweiachsiges, nach dem Protznagelsystem gebautes Fahrzeug, anstelle eines Kastenaufbaus Leitern als Seitenwände mit oben und unten angeordneten Leiterbäumen, vorn Kasten für Futter, Lebensmittel und Vorratssachen, gleichzeitig Fahrersitz, ursprünglich ohne Bremsen geliefert, Fahrzeuge der Friedensfertigung mit Spriegel und Planenverdeck.

Entwicklung / Einsatz / Besonderheiten:
Leiterwagen fanden in den Pionierbataillonen und Etappentelegraphenabteilungen zum Transport von Langholz, u.a. Telegrafenmasten, Verwendung. Weiterhin wurden sie zum Futtertransport eingesetzt. Abgesehen von ihrer stabileren Bauweise unterschieden sich die militärischen Leiterwagen kaum von landwirtschaftlichen Fahrzeugen.

Geschlossener Proviantwagen M/84

Jahr der Einführung	1884
Besatzung	1 Mann
Bespannung	2 Pferde
Gewicht, leer	950 kg
Gewicht, beladen	
Länge	
Breite	
Höhe	
Bodenfreiheit	
Spurweite	
Raddurchmesser	
Radreifenbreite	
Bereifung	Eisen
Federung	ohne

Konstruktive Details:
Zweiachsiges, nach dem Protznagelsystem gebautes Fahrzeug, Vorderwagengestell mit Achse und Deichselaufnahme, Hinterwagengestell mit Fußbrett, Bocksitz mit Lehne, Laderaum über der Mittelbrücke und hinterer Laderaum, festes Dach, hinten zweiflüglige Tür, Bremskurbel für Spindelbremse zu den Rädern der Hinterachse auf der rechten Seite.

Entwicklung / Einsatz / Besonderheiten:
Der geschlossene Proviantwagen M/84 war ein dem offenen Proviantwagen M/84 vergleichbares Fahrzeug mit festem Deckel, das je nach Bestimmung als Montirungs-, Oekonomie-, Utensilien-, Registratur-, Offiziers-Equipagen- oder Reservewagen verwendet wurde. Der Wagen löste das Train- und Truppenfahrzeug C/67 ab.

Offener Proviantwagen M/84

Jahr der Einführung	1884
Besatzung	1 Mann
Bespannung	4 Pferde
Gewicht, leer	
Gewicht, beladen	
Länge	
Breite	
Höhe	
Bodenfreiheit	
Spurweite	
Raddurchmesser	
Radreifenbreite	
Bereifung	Eisen
Federung	ohne

Konstruktive Details:
Zweiachsiges, nach dem Protznagelsystem gebautes Fahrzeug, Unterlenker, vorn Bocksitz für den Fahrer mit Fußbrett, Bremskurbel auf der linken Seite, Wagenkasten dreiteilig mit hinterem Kasten, Raum über der Mittelbrücke und unter dem Kutschersitz, nach hinten durch zweiteilige Tür abgeschlossen, drei Spriegel mit Plane.

Entwicklung / Einsatz / Besonderheiten:
Der offene Proviantwagen* M/84 kam im Sommer 1884 zur Einführung. Die Beschaffungskosten sind mit 820 Reichsmark angegeben. Eingesetzt wurde der Wagen mit einem Ladevolumen von etwa 4,2 m³ zum Transport von Lebensmitteln zur unmittelbaren Versorgung der Truppe auf dem Gefechts- oder Manöverfeld. Eine schwere Proviantkolonne verfügte im Jahr 1908 über 27 vierspännig zu fahrende Proviantwagen.

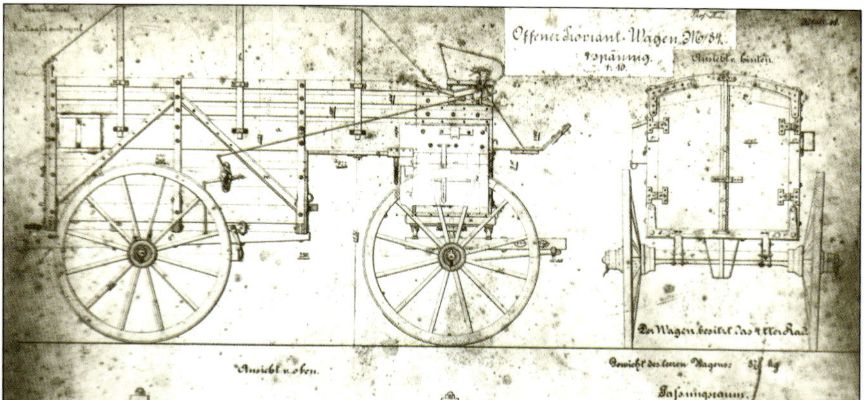

*Proviant: eigentlich Mundvorrat, auch aufgehäufte Lebensmittel.

Zweispänniger Packwagen C/1887

Jahr der Einführung	1887
Besatzung	2 Mann
Bespannung	2 Pferde
Gewicht, leer	550 kg
Gewicht, beladen	1050 mm
Länge	3120 mm (nur Wagenkasten)
Breite	1054 mm (nur Wagenkasten)
Höhe	1073 mm (nur Wagenkasten)
Bodenfreiheit	
Spurweite	1530 mm
Raddurchmesser	1374 mm
Radreifenbreite	
Bereifung	Eisen
Federung	ohne

Konstruktive Details:
Zweiachsiges, nach dem Protznagelsystem gebautes Fahrzeug, bestehend aus Vorder- und Hintergestell, Wagenkasten mit Bocksitz, Fußbrett, Spindelbremse auf der rechten Seite, Spriegel mit Planenverdeck.

Entwicklung / Einsatz / Besonderheiten:
Der 1887 eingeführte leichte Kastenwagen fand als Pack-, Futter- und Lebensmittelwagen in den Infanteriekompanien in der großen Bagage der Batterie bei der Feld- und Fußartillerie, in den Sanitätskompanien sowie als Stabspackwagen in den Stäben der Bataillone, Abteilungen und Regimenter Verwendung.
Er diente zum Transport von Gepäck, Vorratssachen, Lebensmitteln und Futter. Bei der Kavallerie kam er als Eskadron-Packwagen und als Reservewagen mit tragbarer Feldschmiede zum Einsatz.
Das leicht gebaute, vielseitig verwendbare Fahrzeug wurde durch den leichten Proviantwagen 95 n/K abgelöst. Die Zugbelastung für jedes Pferd lag bei 525 kg.

Schwerer Proviantwagen C/87

Später schwerer Proviantwagen 87

Jahr der Einführung	1887
Besatzung	2 Mann
Bespannung	4 Pferde
Gewicht, leer	729 kg
Gewicht, beladen	
Länge:	7550 mm (mit Deichsel)
Breite	1700 mm
Höhe	2275 mm
Bodenfreiheit	550 mm (900 mm bis Wagenkasten)
Spurweite	1530 mm
Raddurchmesser	1400 mm
Radreifenbreite	
Bereifung	Eisen
Federung	ohne

Konstruktive Details:
Zweiachsiges, nach dem Protznagelsystem gebautes Fahrzeug, Vorderwagengestell mit Achse, Deichselaufnahme und Protznagel, Hinterwagengestell mit Fußbrett, Bocksitz auf dem Futterkasten, Wagenkasten mit durchgehend schrägen Wänden, Spriegelgestell mit fünf Spriegeln und Plane, Bremskurbel für Spindelbremse zu den Rädern der Hinterachse auf der rechten Seite, vom Bocksitz.

Entwicklung / Einsatz / Besonderheiten:
Der schwere Proviantwagen von 1887 war ein erster Versuch, ein einheitliches Feldfahrzeug für die unterschiedlichen Bedürfnisse der fechtenden Truppe und des Trains zu schaffen. So wurde er u.a. als Schmiedewagen, als Futterwagen (bei Reserve-Fußartilleriebataillonen), als Lebensmittel-, Pack- und Vorratswagen, als Proviantwagen und als Werkzeugwagen (bei Korps-Brückentrains) verwendet.
Während das Volumen des Laderaums wegen der durchgehend schräg angeordneten Seitenwände des Wagenkastens als vorteilhaft bewertet worden ist, genügte die Lenkbarkeit (Lenkungswinkel 46°) nicht den Anforderungen der Truppe.
Als eine weitere Schwachstelle erwiesen sich die Holzspeichenräder, die bei großer, seitlich schiebender Belastung schnell zu Bruch gingen.

Beamtenwagen 95

Jahr der Einführung	1895
Besatzung	2 Mann
Bespannung	2 Pferde
Gewicht, leer	400 kg
Gewicht, beladen	500 kg
Länge	2950 mm
Breite	1800 mm
Höhe	1600 mm
Bodenfreiheit	
Spurweite	
Raddurchmesser	
Radreifenbreite	
Bereifung	Eisen
Federung	Blatt, längs

Konstruktive Details:
Zweiachsiges Fahrzeug mit Kutschkasten, der in Federn auf dem Unterwagen ruht, vorn Bocksitz mit Seiten- und Rückenlehnen auf dem Futter- bzw. Vorratskasten, an der rechten Seite Kurbel für auf die Hinterräder wirkende Spindelbremse, Kutschkasten mit zurückschlagbarem Verdeck, dahinter Kasten für Schreibgerät und Verwaltungsunterlagen.

Entwicklung / Einsatz / Besonderheiten:
Der Wagen diente der Personenbeförderung und war ab 1895 beschafft worden. 1908 gehörte zur Fahrzeugausstattung der Feldlazarette und der Pferdedepots je ein Beamtenwagen. In der Deutschen Wehrmacht fanden die zweispännig gefahrenen Fahrzeuge noch in den Armee-Pferdeparks Verwendung.

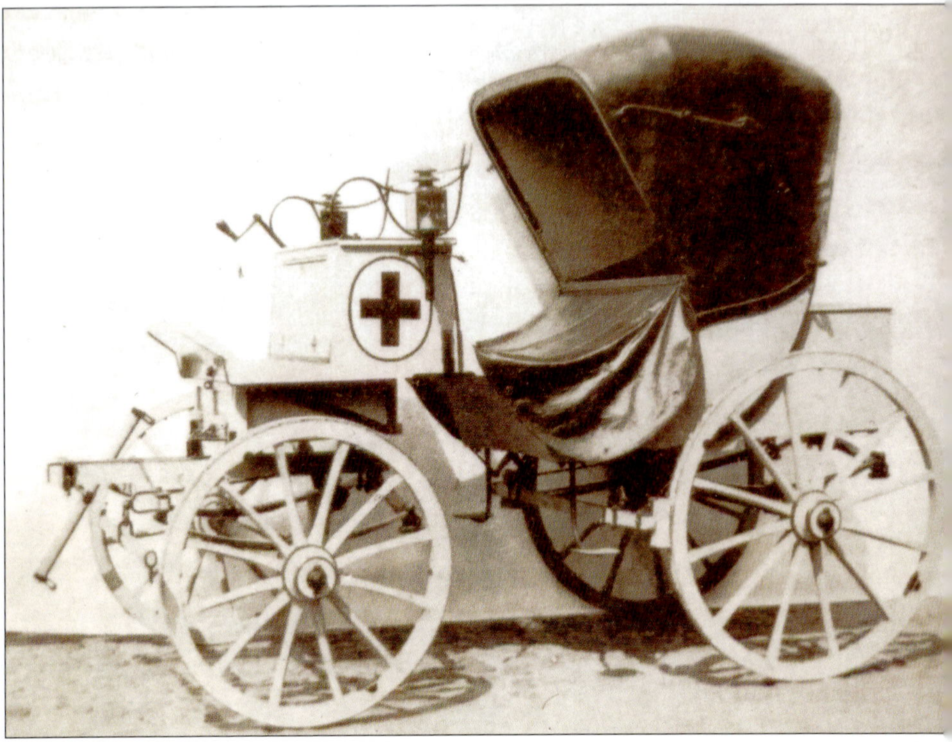

Leichter Feldwagen (Hf. 1)

Früher leichter Proviantwagen n/K oder Feldwagen 95

Jahr der Einführung	1895
Besatzung	1–2 Mann
Bespannung	2 Pferde / 4 Pferde oder 2 Trampeltiere
Gewicht, leer	510–610 kg
Gewicht, beladen	1260–1360 kg, 1495 kg
Länge	3695–3860 mm (6320 mm mit Deichsel)
Breite	1850 mm (1020 mm Wagenkasten)
Höhe	2120 mm (mit Plane), auch 2130 mm
Bodenfreiheit	600 mm (810 mm bis Wagenkasten)
Spurweite	1530 mm
Raddurchmesser	1224 mm
Radreifenbreite	55 mm
Bereifung	Eisen
Federung	ohne

Konstruktive Details:
Zweiachsiges, nach dem Protznagelsystem gebautes Fahrzeug, Vorderwagengestell mit Achse, Deichselarmen und Protznagel, Hinterwagengestell, Wagenkasten mit Fußbrett, Bocksitz auf dem Sitzkasten, dem vorderen kleinen Laderaum (schräge Wände) und dem hinteren großen Laderaum (gerade Wände), der durch eine herausnehmbare Rückwand abgeschlossen wird, rechte Seite vorn Kurbel der Spindelbremse zur Hinterachse, vier Spriegel mit Plane.

Entwicklung / Einsatz / Besonderheiten:
Der leichte Feldwagen (Hf. 1) gehörte wie seine gefederte Abart (Hf. 1/1) zum allgemeinen Heergerät und fand in unterschiedlichster Form zur Beförderung von Gegenständen des Heeresbedarfs Verwendung. Er war bereits 1895 eingeführt worden und vereinigte eine stabile

Bauweise, gute Beweglichkeit und Lenkbarkeit mit einem angemessen großen Laderaum. Deshalb blieb das Fahrzeug fast 50 Jahre lang, bis zum Ende des Zweiten Weltkrieges, in der Ausrüstung der bespannten Truppen des deutschen Heeres. Anzutreffen war der leichte Feldwagen bei der Infanterie, der Kavallerie, der Artillerie, den Pionieren, bei Sanitäts- und Veterinäreinheiten sowie bei den Nachschubeinheiten. Die ungefederte Ausführung kam als Gefechts-, Munitions-, Schanzzeug-, Vorrats-, Verpflegungs-, Last-, Sanitätsgerät- und Veterinärmittelwagen wie auch für Sonderzwecke zum Einsatz. Weiterhin gab es sie als großen Gefechtswagen (Hf. 1/11), großen Fahnenschmiedwagen (Hf. 1/13), Packwagen mit Feldschmiede (Hf. 1/14), Waffenmeisterwagen (Hf. 1/14), Packwagen für Sanitätskompanie (Hf. 1/15), Bäckereigerätwagen (Hf. 1/16) und Truppensanitätswagen (Hf. 1/18). Der leichte Feldwagen trug wesentlich zur Vereinheitlichung der bespannten Feldzeuge im Dienst des deutschen Heeres bei. Er wurde in großer Zahl gefertigt.

Leichter Feldwagen, gefedert (Hf. 1/1, Hf. 1/2 und Hf. 1/3)

Jahr der Einführung	keine Angaben
Besatzung	1–2 Mann
Bespannung	2 Pferde
Gewicht, leer	610–640 kg, 700 kg
Gewicht, beladen	1360–1465 kg
Länge	3860 mm (ohne Deichsel)
Breite	1850 mm
Höhe	2160 mm
Bodenfreiheit	zirka 400 mm
Spurweite	1530 mm
Raddurchmesser	1224 mm
Radreifenbreite	55 mm
Bereifung	Eisen
Federung	Blatt, längs, vorn eine Querfeder

Konstruktive Details:
Entspricht in Bau und Abmessungen dem leichten Feldwagen (Hf. 1), Abweichungen ergeben sich durch die vier Längsfedern und eine Querfeder, auf denen der Wagenkasten gelagert ist, Hinterbracke mit zwei Streben unter den Deichselarmen angebracht, Deichsel ist fortlaufend gerade, um die durch die Federung entstandene Erhöhung des Vorder- und des Hintergestells auszugleichen.

Entwicklung / Einsatz / Besonderheiten:
Die leichten Feldwagen, gefedert, waren zur Beladung mit besonders empfindlichem Gerät bestimmt. Sie erhielten eine ihrer Zweckbestimmung entsprechende Inneneinrichtung. Es ergaben sich folgende Abarten: Nachrichtengerätwagen (Hf. 1/1), Pioniergerätwagen (Hf. 1/1), Vermessungsgerätwagen (Hf. 1/1), Sanitätsgerätwagen (Hf. 1/1), Handscheinwerferwagen (M) (Hf. 1/2) und Handscheinwerferwagen (S) (Hf. 1/3). Im Einsatz standen diese Fahrzeuge bei der Infanterie, den Pionieren sowie bei Artillerievermessungs- und Sanitätseinheiten.

Kleiner Proviantwagen 16 (Typ 95)

Auch Kleiner Feldwagen, Typ 95

Konstruktive Details:
Zweiachsiges, nach dem Protznagelsystem gebautes Fahrzeug, bestehend aus Vorder- und Hintergestell, darauf der Wagenkasten mit herausnehmbarer Rückwand, drei Spriegel mit Plane, vorne Fahrersitz mit Fußbrett, Futterkasten, auf der rechten Seite Kurbel der auf die Hinterräder wirkenden Spindelbremse.

Jahr der Einführung	1916
Besatzung	1 Mann
Bespannung	2 Pferde
Gewicht, leer	400 kg
Gewicht, beladen	900 kg
Länge	2960 mm
Breite	1440 mm
Höhe	1570 mm (1740 mm mit Plane)
Bodenfreiheit	500 mm
Spurweite	1125 mm
Raddurchmesser	1100 mm
Radreifenbreite	44 mm
Bereifung	Eisen
Federung	gefederte und ungefederte Ausführung

Entwicklung / Einsatz / Besonderheiten:
Gefertigt nach dem Muster des leichten Provi antwagen n/K, kam der kleine Proviantwagen vor allem bei Gebirgstruppen zum Einsatz. Dort diente er als Bagage- und Futterwagen sowie als Sanitätswagen. Die gefederte Variante kam als Proviantwagen 16 bei den Fernsprechkommandeuren, als leichter Gerätewagen bei Armee-Fernsprechabteilungen, als Fernsprechwagen bei Fernsprechabteilungen von Divisionen sowie bei Gruppen- oder Generalkommandos zum Einsatz. Im Juli 1918 teilte das Allgemeine Kriegsdepartement im Kriegsministerium mit, dass der kleine Feldwagen neuerdings nach dem Muster des Feldwagen 05 gefertigt wird.

Kleiner Feld-wagen (Hf. 3)

Alte Bezeichnung: Kleiner Proviantwagen 16, Kleiner Feldwagen 16 (Typ 05)

Konstruktive Details:
Zweiachsiges, nach dem Protznagelsystem gebautes Fahrzeug, bestehend aus Vorder- und Hintergestell, auf den Gestellen ruht der Wagenkasten mit herausnehmbarer Rückwand, vier Spriegel mit Plane, vorn Fahrersitz mit Fußbrett auf dem Futterkasten, mittels Kurbel betätigte Spindelbremse auf der linken Fahrzeugseite, die auf die Räder der Hinterachse wirkt, Laderaumvolumen 0,75 m^3.

Jahr der Einführung	1916
Besatzung	1 Mann
Bespannung	2 Pferde
Gewicht, leer	462 kg
Gewicht, beladen	1080 kg
Länge	3250 mm (ohne Deichsel)
Breite	1440 mm
Höhe	1860 mm (mit Plane), urspr. 1740 mm
Bodenfreiheit	500 mm
Spurweite	1125 mm
Raddurchmesser	1100 mm
Radreifenbreite	44 mm, ab Mai 1921 geändert 55 mm
Bereifung	Eisen
Federung	gefederte und ungefederte Ausführung

Entwicklung / Einsatz / Besonderheiten:
Nach dem Vorbild des schweren Proviantwagen 05 war 1916 der kleine Proviantwagen 16 eingeführt worden. Sein Laderaum hatte ein geringeres Volumen, weshalb er leichter gebaut und zweispännig gefahren werden konnte. Die gefederte Variante kam vornehmlich als leichter Gerätewagen und als Fernsprechwagen bei Armee- und Divisionsfernsprechabteilungen zum Einsatz.
1920 entschied man in der Reichswehr, je Kompanie zwei leichte Fernsprechwagen auf der Grundlage des kleinen Feldwagen 16, gefedert, einzuführen. Weitere Abarten waren u.a. der leichte Fernsprechbauwagen, der Feldwagen 16 für Kleinfunkgerät 18 und der Blinkwagen. Im Truppendienst führte die Federung zu Schäden am Wagenkasten, was Nachbesserungen zur Folge hatte.
1936 gab es die ungefederte Variante des kleinen Feldwagen noch als Munitionswagen, Schanzzeugwagen, Gerätwagen, Werkstattwagen, Vorratswagen, Packwagen, Verpflegungswagen, als kleinen Gefechtswagen (Hf. 3/11) und als kleinen Fahnenschmiedwagen (Hf. 3/12); die gefederte Ausführung als Nachrichtengerätwagen (Hf. 3/1) und als leichten Fernsprechwagen (Hf. 3/2).
Eingesetzt wurde der kleine Feldwagen vornehmlich bei den Gebirgsjägern, der Gebirgsartillerie einschließlich der Gebirgspioniere und zugehörigen Nachschub- und Nachrichteneinheiten.

Schwerer Feldwagen (Hf. 2)

Früher schwerer Proviantwagen 05 oder schwerer Feldwagen 05

Jahr der Einführung	1905
Besatzung	2 Mann
Bespannung	4 Pferde / 6 Pferde
Gewicht, leer	770–800 kg
Gewicht, beladen	1755–2000 kg
Länge	4250 mm (7450 mm mit Deichsel)
Breite	1850 mm
Höhe	2100–2245 mm (mit Plane)
Bodenfreiheit	580 mm
Spurweite	1530 mm
Raddurchmesser	1224 mm
Radreifenbreite	70 mm
Bereifung	Eisen
Federung	ohne

Konstruktive Details:
Zweiachsiges, nach dem Protznagelsystem gebautes Fahrzeug, Vorderwagengestell mit Achse, Deichselarmen und Protznagel, Hinterwagengestell, Wagenkasten mit Fußbrett, Bocksitz auf dem Sitzkasten, dem vorderen kleinen Laderaum (schräge Wände) und dem hinteren großen Laderaum (gerade Wände), der durch eine herausnehmbare Rückwand abgeschlossen wird, rechte Seite vorn Kurbel der Spindelbremse, fünf Spriegel mit Plane.

Entwicklung / Einsatz / Besonderheiten:
Mit der Einführung der schweren Proviantwagen im Jahr 1905 folgte die deutsche Heeresverwaltung dem mit dem leichten Proviantwagen 95 n/K geschaffenen Vorbild. Durch den vorn abgeschrägten Wagenkasten ergab sich ein großer Lenkungswinkel (52°). Auch der schwere Feldwagen befand sich bis zum Ende des Zweiten Weltkrieges in großer Zahl bei den bespannten Truppen des Heeres im Einsatz.
Verwendet wurde er bei der Infanterie, der Kavallerie, der Artillerie (hier ersetzte er teilweise den schweren Munitionswagen 02), weiterhin bei den Pionieren, den Nachrichten-, Nachschub- und Sanitätseinheiten. In der Grundform gab es ihn als schweren Gefechts-, Vorrats-, Pack-, Verpflegungs-, Last- und Munitionswagen.

Gebirgskarren (Hf. 4)

Jahr der Einführung	1938
Besatzung	-
Bespannung	1 Pferd / 1 Maultier oder Mannschaftszug
Gewicht, leer	130 kg
Gewicht, beladen	230 kg
Länge	1400 mm (ohne Deichsel)
Breite	1100 mm
Höhe	1400 mm
Bodenfreiheit	600 mm
Spurweite	
Raddurchmesser	
Radreifenbreite	
Bereifung	Eisen
Federung	ohne

Konstruktive Details:
Einachsiges Fahrzeug mit Gabeldeichsel aus Leichtmetall, seitliche Befestigungen am Wagenkasten.

Entwicklung / Einsatz / Besonderheiten:
1937/1938 forderte die Gebirgstruppe einen leichten, einachsigen Karren mit Gabeldeichsel, mit dem das Gerät von Gebirgseinheiten auf schmalen Straßen und Wegen nachgeführt werden konnte.
Eingesetzt wurde der Gebirgskarren (Hf. 4) in Gebirgsjägerkompanien, bei den Gebirgspionieren und in den Gebirgsveterinärkompanien. 1938 stand den Nachrichtenzügen der Gebirgsartillerieregimenter ein Gebirgskarren (Hf. 4) zum Transport des Nachrichtengerätvorrates zu. Auch die Nachrichtenzüge in den Gebirgsjägerbataillonen verfügten über ein solches Fahrzeug.
Im Verlauf des Zweiten Weltkrieges übernahm der Infanteriekarren (If. 8) die Aufgaben des Gebirgskarren (Hf. 4), der zum allgemeinen Heergerät zählte und dessen Fertigung eingestellt worden ist.

Gebirgskarren M.15 (t)

Jahr der Einführung	1938/1939
Besatzung	-
Bespannung	1 Pferd / 2 Pferde oder Maultiere
Gewicht, leer	125 kg
Gewicht, beladen	320 kg
Länge	1500 mm
Breite	1250 mm
Höhe	1100 mm
Bodenfreiheit	
Spurweite	
Raddurchmesser	
Radreifenbreite	
Bereifung	Eisen
Federung	ohne

Konstruktive Details:
Einachsiges Fahrzeug mit Gabeldeichsel und Fahrbremse, eisernem Kastenträger mit einem Zughaken an jedem Ende, Karrenkasten mit Einsatzleiste, Kettenspannbrett und Spannketten zur Ladungssicherung, Requisiten- und Laternenkasten, im Winter Verwendung mit Schlittenkufen möglich, mit Behelfsdeichsel auch zweispännig fahrbar.

Entwicklung / Einsatz / Besonderheiten:
Der Gebirgskarren war 1915 in Verbindung mit der 7,5-cm-Gebirgskanone M.15 beim k.u.k. Österreichisch-Ungarischen Heer zur Einführung gelangt. Er wurde einspännig gefahren und als Munitions-, Vorrats-, Verpflegungs- und Gepäckkarren bei der Gebirgsartillerie verwendet. Die Masse der Fahrzeuge kam 1938–39 aus österreichischen und tschechischen Beständen in deutschen Besitz. Hier fanden sie, einspännig gefahren, im Rahmen der Gebirgsbatterien mit 7,5-cm-Gebirgskanonen M.15 Verwendung, wurden aber bereits 1939 als Protzen für 3,7-cm-Panzerabwehrkanonen, weiterhin als Munitionskarren M.15 (t) an Infanterie-Panzerabwehrkompanien und -züge zu drei 3,7-cm-Geschützen L/45 deutscher Herkunft ausgegeben.
1943 wurden Gebirgskarren M.15 (t) beim Ersatzheer für Zwecke des Luftschutzes umgebaut.

Großer Gefechtswagen (Hf. 7/11)

(Stahlfeldwagen)

Jahr der Einführung	1938/39
Besatzung	1 Mann
Bespannung	2 Pferde, aushilfsweise Kraftzug
Gewicht, leer	1040 kg
Gewicht, beladen:	2600–2760 kg
Länge	4103 mm (6900 mit Deichsel)
Breite	1810 mm
Höhe	2100 mm
Bodenfreiheit	
Spurweite	1580 mm
Raddurchmesser	835 mm
Radreifenbreite	156 mm
Bereifung	Gummi, Bereifung 6.00-20 Kr. 4685
Federung	Kurbel-Schwingachsen

Konstruktive Details:
Zweiachsiges Ganzstahlfahrzeug, überwiegend geschweißt, nach dem Protznagelsystem gebaut, auf dem unteren und oberen Bockkasten Platz für den Fahrer, rechts Bremshebel für die Innenbackenbremse, Wagenkasten mit zweiflügliger Tür, Seitengestellen, Holzböden, eingelegtem Rost sowie Spriegelgestell, Stahldeichsel (für Pferdezug) oder Zuggabel (für Kraftzug), luftbereifte Stahlscheibenräder mit Flachbettfelgen.

Entwicklung / Einsatz / Besonderheiten:
Im deutschen Heer war der Stahlfeldwagen ab 1938 im Einsatz, offiziell aber erst ab 7. Oktober 1939.Das Fahrzeug wurde als großer Gefechtswagen (Hf. 7/11), als großer Fahnenschmiedwagen (Hf. 7/13) und als Waffenmeisterwagen (Hf. 7/14) in Infanterie- und Sanitätseinheiten verwendet. Der Hf. 7/11 diente auch dem Transport von Munition. Die Abarten unterscheiden sich durch die ihrer Verwendung entsprechenden Einrichtungen. Wegen der hohen Zugbelastung (1380 kg) für jedes Pferd stand das Fahrzeug im Ruf eines »Pferdemörders«. Beim Fahren in bergigem Gelände war deshalb ein besonderer Vorspann notwendig.

Schwerer Feldwagen M. 87 (f)

Jahr der Einführung	1941*
Besatzung	1 Mann
Bespannung	2 Pferde
Gewicht, leer	
Gewicht, beladen	
Länge	
Breite	
Höhe	
Bodenfreiheit	
Spurweite	
Raddurchmesser	
Radreifenbreite	
Bereifung	Eisen
Federung	Blatt

Konstruktive Details:
Zweiachsiges Fahrzeug, Vorderwagenkasten mit Achse und Deichselaufnahme, Hinterwagenkasten mit Fußbrett, Bocksitz und Kurbelrad für die Spindelbremse auf der rechten Seite, dahinter kleiner Laderaum für Futter, Lebensmittel, hinterer Laderaum mit herausnehmbarer Rückwand, Auftritt und Leiter, Spriegel mit Planenverdeck.

Entwicklung / Einsatz / Besonderheiten:
Der Feldwagen mle. 1887 war das typische mit Pferden bespannte Fahrzeug der französischen Streitkräfte im Ersten und Zweiten Weltkrieg. Von dem Kastenwagen gab es im Mai 1940 noch 18 381 Stück, weitere waren im Zulauf. In entsprechend großer Zahl sind sie von der Deutschen Wehrmacht erbeutet und bei der Aufstellung neuer Infanterieverbände als Ersatz für fehlende leichte Feldwagen (Hf. 1) eingestellt worden.

* Übernahme durch das Deutsche Heer.

Ersatzfeldwagen 40 (Ef. 40)

Jahr der Einführung	1940
Besatzung	1–2 Mann
Bespannung	2 Pferde / 4 Pferde
Gewicht, leer	625 kg
Gewicht, beladen	1375 kg
Länge	3920 mm
Breite	1860 mm
Höhe	2450 mm (mit Plane)
Bodenfreiheit	750 mm
Spurweite	1550 mm
Raddurchmesser	1100 mm
Radreifenbreite	71 mm
Bereifung	Eisen
Federung	ohne

Konstruktive Details:
Zweiachsiges, nach dem Protznagelsystem gebautes Fahrzeug, Wagenkasten mit abnehmbaren Wänden, vorn Sitz- und Fußbrett für zwei Mann, links am Vordergestell auf die Vorderräder wirkende mittels Kurbel betätigte Spindelbremse, Spriegelgestell mit Planenverdeck.

Entwicklung / Einsatz / Besonderheiten:
Über die Vor- und Nachteile von landesüblichen Feldwagen im Heeresdienst war in Deutschland bereits nach dem Ersten Weltkrieg diskutiert worden. Mit der Mobilmachung im September 1939 und dem raschen Ausbau des Heeres von 50 auf über 156 Divisionsverbänden ergab sich die Notwendigkeit, billige Ersatzfahrzeuge für die Dauer des Krieges zu übernehmen. Es entstand eine Vielzahl unterschiedlicher Feldwagen, die sich im Einsatz allerdings als wenig haltbar erwiesen. Erst mit dem Ersatzfeldwagen 40 (Ef. 40) konnte eine gewisse Vereinheitlichung des Fahrzeuges mit Stabilität und preiswerter Herstellung verbunden werden. Im Kriegsverlauf löste der Ersatzfeldwagen vor allem den leichten Feldwagen (Hf. 1) in vielen Einheiten ab. Er trat als zweispänniger Munitionswagen, als Pack- und Vorratswagen, als Gefechtswagen und Fahnenschmiedwagen in Erscheinung.
Wegen der schweren Bauart war er für den Einsatz im Osten nur bedingt geeignet. Nachfolger wurde der Ersatzfeldwagen 43 (Hf. 6).

Ersatzfeldwagen 43 (Hf. 6)

Urspr. Feldwagen 43 (Hf. 43)

Jahr der Einführung	1943/1944
Besatzung	1–2 Mann
Bespannung	2 Pferde / 4 Pferde
Gewicht, leer	560 kg
Gewicht, beladen	1660 kg
Länge	3940 mm (3700 mm Deichsel)
Breite	1980 mm
Höhe	1650 mm
Bodenfreiheit	750 mm
Spurweite	1550 mm
Raddurchmesser	1100 mm
Radreifenbreite	71 mm
Bereifung	Eisen
Federung	ohne

Konstruktive Details:
Zweiachsiges, nach dem Protznagelsystem gebautes Fahrzeug, Wagenkasten mit abnehmbaren Wänden, davor Sitz- und Fußbrett, Kurbel für Spindelbremse, die auf die Vorderräder wirkt, auf der linken Seite unmittelbar nach der Hinterbracke auf dem Deichselarm oder links am Wagenkasten befestigt, jedes fünfte Fahrzeug hat vier Spriegel mit Planenverdeck (nur bei Sanitätsgerät- und Veterinärmittelwagen verwendet).

Entwicklung / Einsatz / Besonderheiten:
Der Ersatzfeldwagen 43 (Hf. 6) ist die weiter vereinfachte Form der nach dem Vorbild landesüblicher Fahrzeuge gebauten und beim Heer eingeführten Feldwagen. Offiziell war er am 7. August 1944 als Feldwagen 43 eingeführt worden. Die Bezeichnung wurde im November 1944 geändert. Das Fahrzeug trat an die Stelle des leichten Feldwagen (Hf. 1) einschließlich der Abarten, des schweren Feldwagen (Hf. 2) und des Ersatzfeldwagen 40 (Ef. 40).
Er fand als schwerer Gefechtswagen, als Pack- und Vorratswagen, als Verpflegungs- und Munitionswagen, weiterhin als großer Fahnenschmiedwagen Verwendung. Nach entsprechender Um- und Nachrüstung war er auch für Sonderzwecke im Einsatz.

Zweispänniger Panjewagen

Jahr der Einführung	1942
Besatzung	1 Mann
Bespannung	2 Pferde
Gewicht, leer	240 kg
Gewicht, beladen	940 kg
Länge	
Breite	
Höhe	
Bodenfreiheit	
Spurweite	
Raddurchmesser	
Radreifenbreite	
Bereifung	Stahl
Federung	ohne

Konstruktive Details:
Zweiachsiger, nach dem Protznagelsystem gebauter Wagen mit unterschiedlich großen eisenbereiften Holzrädern, Wagenkasten mit abtrennbaren Wänden, die Deichselarme des Vordergestells sind nach hinten durch das am Langbaum anliegende Lenkscheit verbunden, nach vorn laufen sie zur Schere zusammen, in der die Deichsel befestigt ist.

Entwicklung / Einsatz / Besonderheiten:
Panjewagen* wurden 1942 nach dem Vorbild der in Osteuropa gebräuchlichen landesüblichen Bespannfahrzeuge entwickelt und in Zuständigkeit der Landesliefergenossenschaften des Handwerkes in großen Stückzahlen hergestellt. Sie traten bei der Truppe an die Stelle der Ersatz- und Heeresfeldwagen. Diesen gegenüber waren die Panjewagen in der Herstellung billiger und beanspruchten wegen ihres geringeren Gewichtes die Zugleistung der Pferde weniger.
In der Grenadierkompanie von 1944 fand bei den Zugtrupps je ein Panjewagen zum Transport der Munition und des Gepäckes Verwendung. Feldlazarette verfügten über einen Panjewagen, Veterinärkompanien hatten zwischen sechs und elf Wagen (Stand 1943/44).

*Panje: abgeleitet von Pan, westslawisch Herr; Vokativ in Verbindung mit Panjepferd und Panjewagen bereits im Ersten Weltkrieg im Sprachgebrauch des deutschen Heeres üblich.

Große Feldküche (Hf. 11)

Jahr der Einführung	1908
Besatzung	2 Mann
Bespannung	2 Pferde, später 4 Pferde
Gewicht, leer	850 kg (330 + 540 kg)
Gewicht, beladen	1280 kg (620 + 665 kg)
Länge	4100 mm (3480 mm Deichsellänge)
Breite	1800 mm
Höhe	1700 mm (2190 mm mit Schornstein)
Bodenfreiheit	
Spurweite	1530 mm
Raddurchmesser	1224 mm
Radreifenbreite	70 mm
Bereifung	Eisen
Federung	ohne

Konstruktive Details:
Zweiachsiges, aus dem Vorderwagen (Protze) und dem Hinterwagen (Feldküche) bestehendes Fahrzeug, Vorderwagen mit Bocksitz und Bremse, über Federprotzverbindung mit dem Hinterwagen mit gekröpfter Achse verbunden, der einen doppelwandigen 175-Liter-Kochkessel mit Kochbadfüllung (Glyzerin) sowie auf der Sattelseite einen 90-Liter-Kaffeekessel, weiterhin Fächer für Brennmaterial, Kochbesteck, Zubehör, Kaffee und Gewürze aufnimmt, klappbarer Schornstein.

Entwicklung / Einsatz / Besonderheiten:
Die Einführung von Feldküchen in das deutsche Heer geht auf eine Ausschreibung aus dem Jahr 1905 zurück, an der sich 40 Hersteller beteiligten. Angenommen wurde das Modell der Hildesheimer Sparherdfabrik A. Senking / Hildesheim. 1908 ist damit begonnen worden, zunächst die Infanterie, dann die Artillerie und die anderen Truppengattungen, mit den fahrbaren Feldküchen auszustatten. Im Verlauf der Fertigung ergaben sich zahlreiche Änderungen an der großen Feldküche, die zum allgemeinen Heeresgerät zählte. Die Ausstattung der Truppe richtete sich nach der Verpflegungsstärke, Einheiten mit 125–225 Mann erhielten eine, Einheiten über 225 Mann zwei große Feldküchen (Hf. 11). Sie gehörten dort zum Gefechtstross und dienten der feldmäßigen Zubereitung warmer Speisen, was eineinhalb bis zwei Sunden dauerte. Weiterhin konnten Kaffee und Tee gekocht werden.

Kleine Feldküche 16 mit Bratofen

Jahr der Einführung	1916
Besatzung	1 Mann
Bespannung	2 Pferde
Gewicht, leer	632 kg (220 kg Vorderwagen, 412 kg Hinterwagen)
Gewicht, beladen	695 kg (240 kg Vorderwagen, 455 kg Hinterwagen)
Länge	3846 mm (6700 mm mit Deichsel)
Breite	1300 mm
Höhe	1610 mm (1900 mm mit Schornstein)
Bodenfreiheit	
Spurweite	1125 mm
Raddurchmesser	1100 mm
Radreifenbreite	65 mm
Bereifung	Eisen
Federung	2 Blattfedern (nur Hinterwagen)

Konstruktive Details:
Zweiteiliges, aus Vorder- und Hinterwagen bestehendes Fahrzeug mit Holzspeichenrädern, Hinterwagen (Küche) mit gekröpfter Achse, einem 40 und einem 65 Liter fassenden Speisekessel sowie einem 40-Liter-Kaffeekessel, feststehender Schornstein, ungefederter Vorderwagen mit Sitzplatz für den Fahrer und Raum für Ausrüstungen, Geschirr, eiserne Bestände.

Entwicklung / Einsatz / Besonderheiten:
Die fahrbare Kleine Feldküche der C.D.Magirus A.G. aus Ulm wurde ab 1916 hergestellt und entsprach weitgehend dem im deutschen Heer eingeführten Ordonnanzmodell. Der 65 Liter fassende Speisekessel war mit einer Kochbadfüllung ausgestattet und befand sich in einem zweiten, mit Glyzerin ausgefüllten Kessel. Das bot den Vorteil, dass die Speisen nicht anbrennen konnten und sehr lange warm blieben. Ein Einfrieren des Kesselinhaltes war unmöglich. Die Zubereitung der Speisen dauerte eineinhalb bis zwei Stunden.

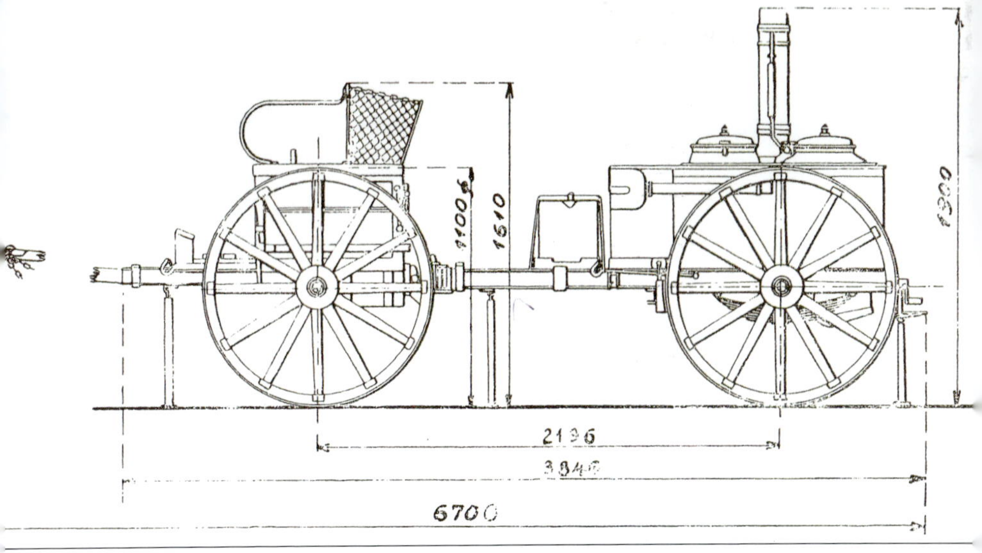

Kleine Feldküche (Hf. 12)

Jahr der Einführung	1915/1916
Besatzung	2 Mann
Bespannung	2 Pferde
Gewicht, leer	630 kg (260 + 370 kg)
Gewicht, beladen	940 kg (480 + 460 kg)
Länge	3200 mm (verladen, ineinandergeschoben; Deichsellänge: 3250 mm)
Breite	1450 mm
Höhe	1690 mm (2150 mm mit Schornstein)
Bodenfreiheit	
Spurweite	1125 mm
Raddurchmesser	1100 mm
Radreifenbreite	55 mm
Bereifung	Eisen
Federung	ohne

Konstruktive Details:
Zweiachsiges, aus dem Vorderwagen (Protze) und dem Hinterwagen (Feldküche) bestehendes Fahrzeug, Vorderwagen mit Bocksitz und Bremse, über Federprotzverbindung mit dem Hinterwagen verbunden, auf dem sich ein doppelwandiger 110-Liter-Kochkessel mit Kochbadfüllung (Glyzerin), auf der linken Seite ein 60-Liter-Kaffeekessel sowie hinten Fächer für Brennmaterial, Kochbesteck, Zubehör, Kaffee und Gewürze befinden, klappbarer Schornstein.

Entwicklung / Einsatz / Besonderheiten:
Nach der Einführung des fahrbaren Feldkochherdes im Jahr 1908 ergab sich die Notwendigkeit, ein vergleichbares Fahrzeug für Einheiten mit geringerer Personalstärke einzusetzen. 1915/16 erfolgte die Einführung der Kleinen Feldküche, die von der Reichswehr als Allgemeines Heeresgerät übernommen wurde und die Bezeichnung Kleine Feldküche (Hf. 12) erhielt. Allen Einheiten mit einer Verpflegungsstärke von 60–125 Mann stand eine Kleine Feldküche zu. Sie war für die feldmäßige Zubereitung der Speisen und Getränke zuständig. Küchengeräte und Brennstoffe, Kaffee und Gewürze wurden auf den Fahrzeugen mitgeführt.

Große Feldküche (Hf. 13)

Jahr der Einführung	1932
Besatzung	2 Mann
Bespannung	4 Pferde
Gewicht, leer	1025 kg (445 + 580 kg)
Gewicht, beladen	1440 kg (735 + 705 kg)
Länge	4100 mm (3250 mm Deichsellänge)
Breite	1800 mm
Höhe	1700 mm (2190 mm mit Schornstein)
Bodenfreiheit	
Spurweite	1530 mm
Raddurchmesser	1224 mm
Radreifenbreite	70 mm
Bereifung	Eisen
Federung	ohne

Konstruktive Details:
Entspricht weitestgehend der großen Feldküche (Hf. 11). Verwendet wurde nun die Holz- oder Stahldeichsel des schweren und leichten Heeresfeldwagen (Hf. 2 und Hf. 1), weshalb die Deichselarme verlängert werden mussten. Die Untergestelle sind aus Normalprofileisen, der Wagenkasten des Vorderwagens ist aus Stahlblech (vorher aus Holz), ebenso der größere Fußbrettkasten, die Achse des Vorderwagens wurde vom leichten Heeresfeldwagen (Hf. 1) übernommen, verändert wurde die Federprotzverbindung und die Facheinteilung im Hinterwagen.

Entwicklung / Einsatz / Besonderheiten:
Die große Feldküche (Hf. 13) ist unter Anlehnung an die große Feldküche (Hf. 11) entstanden. Ihre Herstellung wurde vereinfacht und billiger. Die Federprotzverbindung war bereits bei Fahrzeugen der Fertigung ab 1926 geändert worden.
Der konische Protzhaken wurde von 231 auf 176 mm verkürzt. Eingesetzt wurde die große Feldküche (Hf. 13) ebenso wie die große Feldküche (Hf. 11).

Kleine Feldküche (Hf. 14)

Jahr der Einführung	1932
Besatzung	2 Mann
Bespannung	2 Pferde
Gewicht, leer	805 kg (365 + 440 kg)
Gewicht, beladen	1095 kg (565 + 530 kg)
Länge	3200 mm (verladen, ineinandergeschoben) (3255 mm Deichsellänge)
Breite	1450 mm
Höhe	1690 mm
Bodenfreiheit	
Spurweite	1125 mm
Raddurchmesser	1100 mm
Radreifenbreite	55 mm
Bereifung	Eisen
Federung	ohne

Konstruktive Details:
Entspricht weitgehend der Kleinen Feldküche (Hf. 12), verwendet wurde nun die Holz- oder Stahldeichsel des schweren und leichten Heeresfeldwagen (Hf. 2 und Hf. 1), weshalb die Deichselarme verlängert werden mussten. Die Untergestelle sind aus Normalprofileisen, der Wagenkasten des Vorderwagens ist aus Stahlblech (vorher aus Holz), die Achse des Vorderwagens ist identisch mit der des Kleinen Feldwagens (Hf. 3), verändert wurde die Federprotzverbindung.

Entwicklung / Einsatz / Besonderheiten:
Die Kleine Feldküche (Hf. 14) entsprach weitestgehend der Kleinen Feldküche (Hf. 12), war allerdings in der Herstellung einfacher und billiger.
Im Einsatz erfüllte die Kleine Feldküche (Hf. 14) die Aufgaben des Vorgängermodells.

Große Feldküche M.09 (t)

Jahr der Einführung	1939*
Besatzung	2 Mann
Bespannung	2 Pferde
Gewicht, leer	615 kg (240 + 275 kg)
Gewicht, beladen	790 kg
Länge	3600 mm
Breite	1430 mm
Höhe	1800 mm
Bodenfreiheit	
Spurweite	
Raddurchmesser	
Radreifenbreite	
Bereifung	Eisen
Federung	Blatt

Konstruktive Details:
Zweiachsiges, aus dem Vorderwagen (Protze) und dem Hinterwagen (Feldküche) bestehendes Fahrzeug, Vorderwagen mit Bocksitz und Bremse zur Aufbewahrung von eisernen Portionen und Ausrüstungsgegenständen, Hinterwagen mit Herdkasten für drei große (je 35 Liter) und einen kleinen (20 Liter) einwandigen Kessel ohne Kochbadfüllung sowie mit einer Bratpfanne, klappbarer Schornstein.

Entwicklung / Einsatz / Besonderheiten:
Die große Feldküche M.09 mit feststehender Herdplatte war 1909 in das K.u.K. österreichisch-ungarische Heer eingeführt worden, fand bis 1939 in den Streitkräften der tschechoslowakischen Republik Verwendung. Sie gelangte nach der Besetzung der Tschechoslowakei in deutschen Besitz. Nach Ausbruch des Zweiten Weltkrieges erhielten fünf Divisionen der 5. Welle aus Mangel an deutschem Gerät u.a. diese fahrbaren Feldküchen. Als große Feldküche M.09 (t) wurde sie zur Versorgung von Einheiten mit einer Personalstärke von 125–300 Mann verwendet. Ihre Nutzung wies im Vergleich zu Feldküchen deutscher Fertigung einige Nachteile auf. Die fehlende Kochbadfüllung begünstigte das Anbrennen, weshalb besonders stark und häufig umgerührt werden musste.

* im Deutschen Heer.

Große Feldküche (Drehküche) (t)

Jahr der Einführung	1940
Besatzung	2 Mann
Bespannung	2 Pferde / 4 Pferde
Gewicht, leer	650 kg (245 + 405 kg)
Gewicht, beladen	825 kg
Länge	3340 mm
Breite	1400 mm
Höhe	1700 mm
Bodenfreiheit	
Spurweite	
Raddurchmesser	
Radreifenbreite	
Bereifung	Eisen
Federung	Blatt

Konstruktive Details:
Aus Vorder- und Hinterwagen bestehendes Fahrzeug, das sich durch die drehbare Herdplatte von der großen Feldküche M.09 (t) unterscheidet, Vorderwagen zur Aufbewahrung von eisernen Portionen und Ausrüstungsgegenständen, eigentlicher Kochwagen ist der Hinterwagen mit klappbarem Schornstein, auch bei der Drehküche keine Verwendung von Kochbadflüssigkeit.

Entwicklung / Einsatz / Besonderheiten:
Die große Feldküche (Drehküche) (t) gehörte zur Ausstattung von fünf Infanteriedivisionen der 5. Aufstellungswelle, die 1939/40 unmittelbar nach Ausbruch des Zweiten Weltkrieges aufgestellt wurden. Ihre Verwendung erfolgte als Ersatz für die großen Feldküchen (Hf. 11) oder (Hf. 13) deutscher Fertigung in Einheiten mit einer Personalstärke von 125–300 Mann. Gegenüber dem deutschen Material zeigten sich im Einsatz einige Nachteile: die beiden vorderen Kessel kochten schneller, weshalb die Kessel der Drehküche von Zeit zu Zeit gedreht werden mussten. Das Fehlen einer Kochbadflüssigkeit konnte dazu führen, dass die Speisen sehr schnell anbrannten, wogegen nur schnelles und kräftiges Umrühren half.

Schwerer fahrbarer Backofen (Feldbackwagen)

Später Backofenwagen (Vf. 1)

Jahr der Einführung	1886
Besatzung	2 Mann
Bespannung	4 Pferde
Gewicht, leer	1,9 t
Gewicht, beladen	2,1 t (1,925 t ohne Wasser)
Länge	6750 mm (mit Deichsel)
Breite	1850 mm
Höhe	2230 mm
Bodenfreiheit	
Spurweite	1530 mm
Raddurchmesser	1040 mm vorn, 1400 mm hinten, später 1224 mm
Radreifenbreite	65 mm, später 70 mm
Bereifung	Eisen
Federung	4 Blattfedern

Konstruktive Details:
Zweiachsiger Wagen mit Holzspeichenrädern, Protznagelsystem, Bocksitz mit Spindelbremse zur Hinterachse, Ofenkörper aus kupferplattiertem, genieteten Stahlkörper, vorne 80-Liter-Wassertank, klappbarer Schornstein, Feuer- und Backofenklappe hinten.

Entwicklung / Einsatz / Besonderheiten:
Fahrbare Feldbacköfen wurden ab 1896/97 im deutschen Heer eingeführt. Ihr Einsatz erfolgte in den Feldbäckerei-Kolonnen zur Bereitstellung des Brotbedarfes für ein Armeekorps. Zu einer Kolonne gehörten zwölf Feldbackwagen.
Je nach Witterung und Beschaffenheit des Holzes benötigte die Bedienung zum Anheizen zwei bis zweieinhalb Stunden. Das Einschießen von 80 Broten zu je 1,5 kg nahm zehn Minuten in Anspruch, das Ausbacken 105 Minuten.
Bei ununterbrochenem Betrieb konnten täglich 1920 Brote gebacken werden.
Im Verlaufe der bis 1918 laufenden Fertigung ergaben sich einige Änderungen. So verwendete man an Stelle der verschieden großen Räder des Kavallerie-Brückenwagens 05 die des Bagagewagens 05.

Teigknetwagen (Vf. 2)

Jahr der Einführung	1933
Besatzung	1 Mann
Bespannung	2 Pferde
Gewicht, leer	1520 kg (420 + 1100 kg)
Gewicht, beladen	1650 kg
Länge	3950 mm (aufgeprotzt, ohne Deichsel)
Breite	1850 mm
Höhe	1800 mm
Bodenfreiheit	
Spurweite	1530 mm
Raddurchmesser	1290 mm
Radreifenbreite	70 mm
Bereifung	Eisen
Federung	Blatt

Konstruktive Details:
Zweiteiliges Fahrzeug, bestehend aus Vorderwagen (Protze) und dem Hinterwagen mit Gehäuse, Holzspeichenrädern, die Hauptteile sind Fahrgestell, Wagenkasten, Achsen mit Rädern, Anspannvorrichtung mit Deichsel und Federprotzverbindung, im Vorderwagen Ausrüstungsgegenstände untergebracht, im Hinterwagen in einem völlig geschlossenen Gehäuse die Teigknetvorrichtung und der 4,07-kW-Elektromotor.

Entwicklung / Einsatz / Besonderheiten:
Der Teigknetwagen gehörte zum Verwaltungsgerät. Er wurde zusammen mit je zehn Backofenwagen (Vf. 1) in den bespannten Bäckereikompanien eingesetzt und diente zur Herstellung von Brotteig in Feldbäckereien.
In Arbeitsstellung wurde der Vorderwagen abgeprotzt und abseits abgestellt. Der Betrieb erfolgte elektrisch, wobei der Strom vom Kraftquellenwagen (Vf. 3) oder über das 220-V-Gleichstrom-Ortsstromnetz geliefert werden konnte.
Das Durchkneten von 145–150 kg Brotteig nahm einschließlich der Entnahme des fertigen Teiges etwa fünf bis acht Minuten in Anspruch, sodass in einer Stunde 1100–1800 kg Teig zubereitet werden konnten.

Backofenwagen (t)

Jahr der Einführung	1939*
Besatzung	3 Mann
Bespannung	2 Pferde oder 4 Pferde
Gewicht, leer	
Gewicht, beladen	1620 kg
Länge	3850 mm
Breite	1750 mm
Höhe	2300 mm
Bodenfreiheit	
Spurweite	1530 mm
Raddurchmesser	1260 mm
Radreifenbreite	50 mm
Bereifung	Eisen
Federung	Blatt (vorn quer, hinten längs)

Konstruktive Details:
Vierrädriges Fahrgestell, nach dem Protznagelsystem gebaut, bestehend aus Vordergestell, Hintergestell und Zubehör, auf der rechten Seite Handkurbelbremse am Wagensitzkasten gehaltert, Achsen aus Stahl, die Heizvorrichtung mit Rauchkammer und Röhrensystem unter dem Vorbacker und dem Ofenraum aus Gussstahl, vorn befindlicher klappbarer Schornstein.

Entwicklung / Einsatz / Besonderheiten:
Der Backofenwagen entspricht dem k.u.k. österreichisch-ungarischen fahrbaren Feldbackofen (System Manfred Weiß) M. 1901 und seiner Weiterentwicklung aus dem Jahr 1909.
Die fahrbaren Feldbackwagen kamen nach dem Ersten Weltkrieg teilweise zur Armee des neu gegründeten tschechoslowakischen Staates und nach der Besetzung des Landes im Frühjahr 1939 an das deutsche Heer. Aus Mangel an eigenem fahrbereiten Bäckereigerät erhielten die 93. bis 96. und die 98. Infanteriedivision der 5. Welle nicht nur tschechoslowakische Waffen und Ausrüstung, sondern auch fahrbare Feldbacköfen (System Manfred Weiß). Die Bäckereikompanie (t) zu vier Gruppen verfügte über 12 Backofenwagen (t).
Mit zehn Wagen konnten täglich 9600 Brote gebacken werden.

* im Deutschen Heer.

Leichter Akja

Konstruktive Details:
Aus Sperrholz gefertigter, bootsförmiger flacher Schlitten, an den Seitenwänden oben je vier Löcher für Leinen zum Festzurren der Lasten und zum Befestigen einer Plane, zum Ziehen dient ein Zugtau mit vier Schlaufen.

Entwicklung / Einsatz / Besonderheiten:
Der leichte Akja fand bei der Infanterie und den Pionieren zum Transport kleinster Lasten (Munition, Handgranaten, Minen, Speisenträger, Verwundete, Funkgeräte usw.) Verwendung. Er wurde überall dort eingesetzt, wo ein Mann mit einer Last so tief in den Schnee einsank, dass sein Fortkommen nachhaltig behindert wurde. Im ungebahnten Schnee erwiesen sie sich jedem hochbeinigen Schlitten mit Kufen als überlegen.

Jahr der Einführung	1942
Besatzung	-
Bespannung	ohne, 1–3 Mann im Mannschaftszug
Gewicht, leer	11,5 kg
Gewicht, beladen	11,5 kg
Länge	2100–2130 mm
Breite	640–660 mm
Höhe	160–380 mm
Bodenfreiheit	-
Spurweite	-
Kufenauflage	-
Kufenbreite	-

Das Fahrzeug gehört zur Gruppe der Pulkschlitten, auch als Boots-Akja bezeichnet. Sie gelangten erstmals im Spätsommer 1942 zur Auslieferung.
Ihr Einsatz erfolgte beim Heer, bei der Luftwaffe sowie bei der Generalinspektion für das deutsche Straßenwesen.

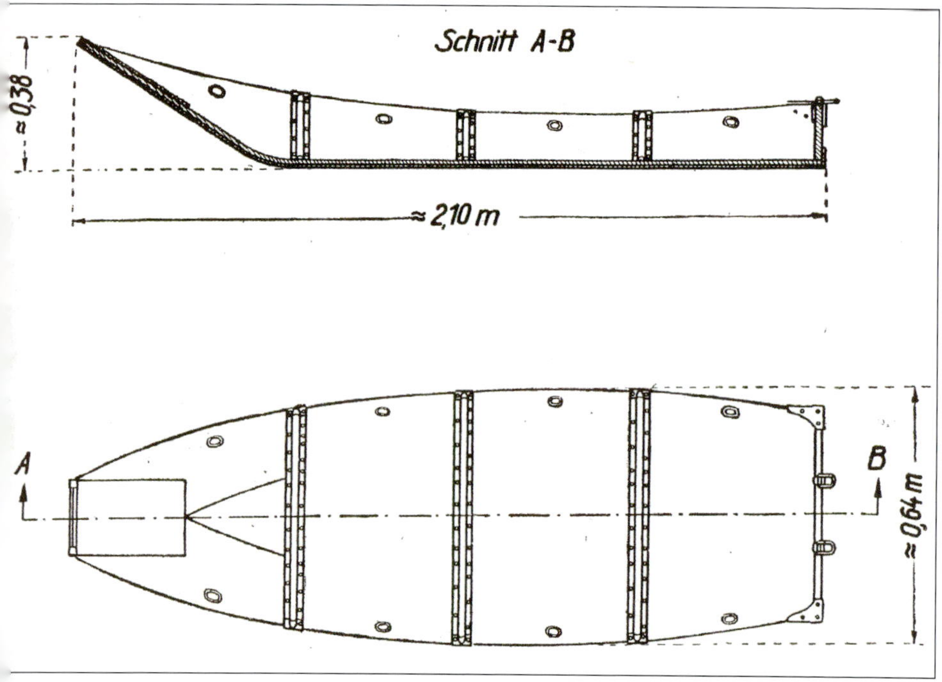

Boots-Akja

Jahr der Einführung	1942
Besatzung	-
Bespannung	ohne, 1–3 Mann im Mannschaftszug
Gewicht, leer	14 kg
Gewicht, beladen	164 kg
Länge	2360 mm
Breite	620 mm
Höhe	170 mm
Bodenfreiheit	-
Spurweite	-
Kufenauflage	-
Kufenbreite	-

Konstruktive Details:
Aus Kiefernholz gefertigter flacher, geschlossener Schlitten, in der Mitte ein Gleitbrett, rechts und links je fünf Planken, innen zehn Querspanten, an den Innenwänden oben Gurtschlaufen für die Leinen zum Festzurren der Lasten und zum Befestigen der Plane, vorn und hinten Ringe zum Einhängen des Zug- und Bremstaues.

Entwicklung / Einsatz / Besonderheiten:
Der Boots-Akja wurde ab Spätsommer 1942 an die Truppe ausgeliefert. Er fand Verwendung zum Transport von Nachrichtengeräten, Munition, Handgranaten, Minen, Speisenträgern, Granat- und Flammenwerfern. Im Einsatz war er beim Heer, bei der Luftwaffe sowie bei der Generalinspektion für das deutsche Straßenwesen zu sehen.

Schlitten 300 kg (Hs. 1)

Auch leichter Handschlitten, 1941 als Schlitten (Hf. 62) bezeichnet

Konstruktive Details:
Einteiliger Schlitten, bestehend aus Untergestell mit Deichselholm, Plattform mit herausnehmbaren Seitenwänden, herausnehmbarer Rückwand, bei Bedarf drei Sitzbretter auflegbar, Deichselholme sind zwei einfache Holzstangen mit Ösen, die am hinteren Ende in die Zapfen an den Schlittenkufen eingehängt werden, Bremsen sind nicht vorgesehen, bei Bedarf behelfsmäßig (Ketten, Stricke, Holzriegel).

Jahr der Einführung	1942
Besatzung	1 Mann
Bespannung	1 Pferd / 2 Pferde im Tandemzug / 3 Pferde in Ausnahmefällen, ab 22. August 1944 2 Pferde, zweispännig
Gewicht, leer	
Gewicht, beladen	
Länge	2820 mm (5200 mm mit Deichsel)
Breite	970 mm
Höhe	300 mm (1100 mm mit Deichsel)
Bodenfreiheit	270 mm
Spurweite	600 mm
Kufenauflage	210 mm
Kufenbreite	

Entwicklung / Einsatz / Besonderheiten:
Der leichte Heeresschlitten mit 300 kg Tragfähigkeit gehörte zum Allgemeinen Heeresgerät. Er wurde mit Wirkung vom 18. Juni 1942 eingeführt und konnte als Lastenschlitten (mit abgenommenen Wänden) zum Transport sperriger Lasten, als Kastenschlitten zum Transport von Gerät aller Art und von Munition sowie als Transportschlitten für Mannschaften eingesetzt werden. Im Allgemeinen fand der Heeresschlitten 300 kg (Hs. 1) in den nicht motorisierten Verbänden des Heeres Verwendung, diente jedoch auch zum Transport von Sondergerät. So erhielten beispielsweise die Beobachtungsabteilungen (mot) und Beobachtungsbatterien (mot) in Panzerdivisionen diese Schlitten zum Transport von Sondergerät (Schallmess und Lichtmess).
Allgemein ist ein Pferd vorgespannt worden, wobei das Sielengeschirr zum Einsatz kam. Möglich war auch die Anspannung mit dem Tragsattel 23 (für Gebirgstruppen). Bei schweren Lasten konnte der Schlitten im Tandemzug, zweispännig, in Ausnahmefällen dreispännig (Random-Anspannung) gezogen werden. Dabei fand immer das im Heer allgemein übliche Sielengeschirr Verwendung.

Schlitten 500 kg (Hs. 3)

Auch Schlitten 500 kg (Hs. 3) mit Kasten

Jahr der Einführung	1942
Besatzung	1 Mann
Bespannung	1 Pferd / 2 Pferde im Tandemzug / 3 Pferde in Ausnahmefällen, ab 22. August 1944 2 Pferde, zweispännig
Gewicht, leer	
Gewicht, beladen	
Länge	3860 mm (7020 mm mit Deichsel)
Breite	1260 mm
Höhe	940 mm
Bodenfreiheit:	
Spurweite	600 mm
Kufenauflage	
Kufenbreite	60 mm

Konstruktive Details:
Zweiteiliger Schlitten, Vorder- und Hinterschlitten mit zwei Ketten über Kreuz miteinander verbunden, auf beiden Schlitten abnehmbarer Schlittenkasten durch zwei Spannägel befestigt, Seitenwände und Rückwand abnehmbar, vorn Futterkasten mit Sitzbrett, Deichselholme eingehängt wie beim Schlitten 300 kg (Hs. 1), im August 1944 Nachrüstung mit einer Bremse.

Entwicklung / Einsatz / Besonderheiten:
Der mittlere Heeresschlitten mit 500 kg Tragfähigkeit war ein sogenannter Einheitsschlitten und mit Wirkung vom 18. Juni 1942 als Allgemeines Heeresgerät eingeführt worden. Er diente zum Transport der kleinen Feldküchen (Hf. 12) und (Hf. 14), der 3,7-cm-Panzerabwehrkanone L/45, des 7,5-cm-leichten Infanteriegeschützes 18, von Nachrichten- oder Pioniergerät sowie Munition im Winter. Zum Verladen der Feldküchen und Geschütze musste der Schlittenkasten entfernt werden. An seiner Stelle wurden besondere Auflagen angebracht.

Krankenschlitten (Hs. 3/1)

Jahr der Einführung	1942
Besatzung	1 Mann
Bespannung	2 Pferde im Tandemzug oder zweispännig
Gewicht, leer	
Gewicht, beladen	
Länge	3860 mm (7020 mm mit Deichsel)
Breite	1260 mm
Höhe	1600 mm (1900 mm mit Rauchabzug)
Bodenfreiheit	280 mm
Spurweite	600 mm
Kufenauflage	
Kufenbreite	60 mm

Konstruktive Details:
Unterbau des Krankenschlittens entspricht dem Schlitten 500 kg (Hs. 3), geschlossener Aufbau mit zwei seitlichen Fenstern, hinten zu verschließen mit zweiflügliger Tür, vorn Sitzkasten für den Fahrer, im vorderen Teil des Kastenaufbaus eingebauter Ofen mit Abzug, auf dem Boden mit Federn versehene Leisten zum Einschieben von zwei Krankentragen, innen an den Seitenwänden drei umklappbare Sitze.

Entwicklung / Einsatz / Besonderheiten:
Der Krankenschlitten (Hs. 3/1) wurde als Abart des Schlitten 500 kg (Hs. 3) im Juni 1942 eingeführt. Er ersetzte im Winter in den Sanitätskompanien die Krankenwagen (Sf. 1) und (Sf. 2) und war zum Transport von zwei liegenden schwerverwundeten oder vier sitzenden leichtverwundeten Soldaten eingerichtet. Im August 1944 ist der von der Truppe ohnehin bevorzugte zweispännige Zug mit Sielengeschirr eingeführt worden. Außerdem erfolgte die Nachrüstung mit einer Bremse.

Schlitten 1000 kg (Hs. 5)

Jahr der Einführung	1942
Besatzung	1–2 Mann
Bespannung	1 Pferd / 2 Pferde im Tandemzug / 3 Pferde in Ausnahmefällen, ab 22. August 1944 2 Pferde, zweispännig
Gewicht, leer	
Gewicht, beladen	
Länge	3940 mm
Breite	
Höhe	
Bodenfreiheit	
Spurweite	
Kufenauflage	
Kufenbreite	

Konstruktive Details:
Zweiteiliger Schlitten, Vorder- und Hinterschlitten mit zwei Ketten über Kreuz miteinander verbunden, auf beiden Schlitten abnehmbarer Schlittenkasten durch zwei Spannägel befestigt, Seitenwände und Rückwand abnehmbar, vorn Futterkasten mit Sitzbrett, Deichselholme eingehängt wie beim Schlitten 300 kg (Hs. 1), im August 1944 Nachrüstung mit einer Bremse.

Entwicklung / Einsatz / Besonderheiten:
Der Schlitten 1000 kg (Hs. 5) ist in Form und Aufbau dem Schlitten 300 kg (Hs. 1) ähnlich, nur in der Ausführung schwerer. Der Schlittenkasten zeigt eine geringfügig größere Länge. Die Einführung des schweren Heeresschlitten mit 1000 kg Tragfähigkeit war am 18. Juni 1942 vom Allgemeinen Heeresamt / Inspektion 3 angeordnet worden. Er diente zum Transport der großen Feldküchen (Hf. 11) und (Hf. 13), des großen Drucklufterzeugers, der 5-cm-Panzerabwehrkanone 38 sowie der 7,5-cm-Panzerabwehrkanone 97/38 im Winter. Zum Verladen wurde der Schlittenkasten entfernt. Dafür mussten besondere Auflagen angebracht werden. Bei der Verwendung zum Mannschaftstransport kamen besondere Sitzbretter zum Einsatz. Der Schlitten 1000 kg (Hs. 5) fand beim Heer, der Luftwaffe und in der Generalinspektion für das deutsche Straßenwesen Verwendung.

Schlitten für 2-cm-Flak

Jahr der Einführung	1942
Besatzung	5 Mann
Bespannung	2 Pferde / Mannschaftszug
Gewicht, leer	350 kg
Gewicht, beladen	1150 kg
Länge	5600 mm (8200 mm mit Gabeldeichsel)
Breite	1700 mm
Höhe	700 mm
Bodenfreiheit	160 mm
Spurweite	690 mm
Kufenauflage	
Kufenbreite	

Konstruktive Details:
Zweiteiliger Drehschemelschlitten, der ohne zu wenden vorwärts und rückwärts gefahren werden kann, Schlittengestelle sind mit einer Lenkstange verbunden und haben Drehzapfen, auf der in Fahrtrichtung linken Seite jedes Gestells eine einfache Handbremse, Aufbau besteht aus Plattform mit festen Seiten- und Zwischenwänden (3800 x 1700 mm Grundfläche) mit drei Halterungen zur Aufnahme des Lafettendreiecks für 2-cm-Flak 28, bei Verwendung der 2-cm-Flak 30 müssen die Halterungen versetzt werden, Gabeldeichsel für zwei Pferde im Tandemzug.

Entwicklung / Einsatz / Besonderheiten:
Der Schlitten für 2-cm-Flak wurde bei den Flak-Batterien der Luftwaffe im September 1942 und bei den Flak-Kompanien des Heeres Ende November 1942 eingeführt. Er diente als Selbstträger für eine 2-cm-Flak 30 oder 38, weiterhin als Munitions- und Gepäckschlitten, als Zuggerätschlitten sowie als Versorgungs- und Vorratsschlitten.
Zu einem Geschützzug gehörten insgesamt acht Schlitten, wovon drei für die Geschütze und drei weitere Fahrzeuge für den Munitionstransport verwendet wurden.

Hölzerner Schneepflug für Pferdegespann

Jahr der Einführung	1942/1943
Besatzung	2 Mann
Bespannung	2 Pferde / 4 Pferde
Gewicht, leer	
Gewicht, beladen	
Länge	6200 mm
Breite	3000–5700 mm (einstellbar)
Höhe	1000 mm
Bodenfreiheit	-
Spurweite	-
Kufenauflage	-
Kufenbreite	

Konstruktive Details:
Einfacher Holzkeilpflug mit ausschwenkbaren Flügeln, die Flügel werden durch Umstecken der Streben auf die gewünschte Räumbreite eingestellt, an der Spitze Haken zur Befestigung der Vorderbracke, darüber ist die Deichsel befestigt.

Entwicklung / Einsatz / Besonderheiten:
Einfacher Schneepflug, der von der Truppe im rückwärtigen Frontgebiet oder vom Winterdienst beim Generalinspektor des deutschen Straßenwesens in eigener Zuständigkeit hergestellt wurde. Schleppflüge dieser oder ähnlicher Bauart hatten nur eine geringe Räumleistung und einen dementsprechend kleinen Einsatzbereich (etwa 10 km). Weitere pferdebespannte Schneeräumfahrzeuge waren die von zwei Pferden gezogenen Vor- und Verbreiterungspflüge. Um brüchige und morsche Eisflächen tragfähiger zu machen, wurden behelfsmäßige Berieselungsschlitten hergestellt. Auch der Transportschlitten für eine hölzerne Schneewalze diente der Verbesserung der Beweglichkeit im Winterkrieg.

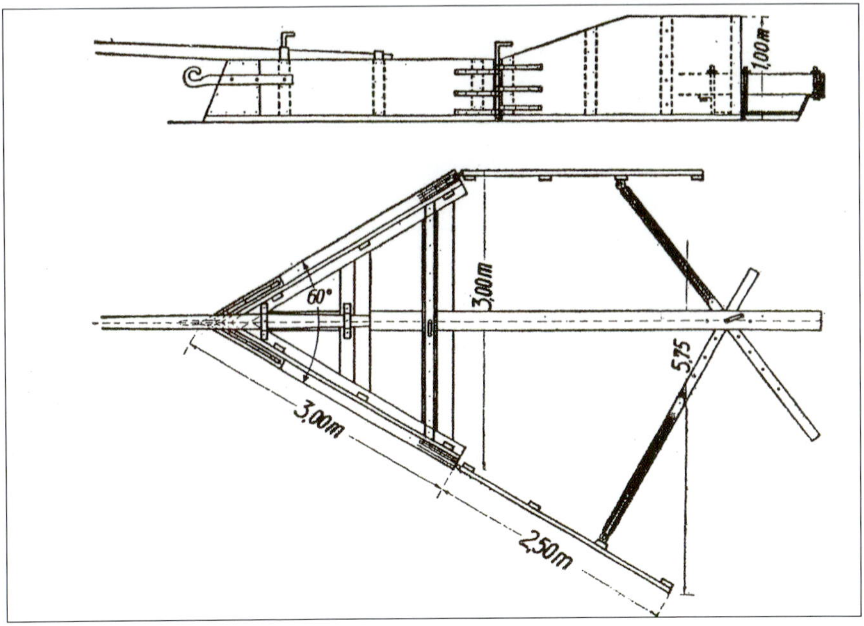

Pferdetransportschlitten

Jahr der Einführung	1944
Besatzung	2 Mann
Bespannung	2 Pferde / 4 Pferde
Gewicht, leer	
Gewicht, beladen	
Länge	2950 mm (ohne Deichsel)
Breite	1400 mm
Höhe	1750 mm
Bodenfreiheit	400 mm
Spurweite	1240 mm
Kufenauflage	2100 mm
Kufenbreite	80 mm

Konstruktive Details:
Schlitten, bestehend aus Untergestell mit den Schlittenkufen und dem Deichselholm und Obergestell mit dem Bockkasten, dem Fußbrett und dem Aufbau mit abklappbarer Rückwand.

Entwicklung / Einsatz / Besonderheiten:
Im August 1944 gab der Chef der Heeresrüstung im Oberkommando des Heeres eine kurze Bauanleitung für die Herstellung eines Pferde-Transportschlittens aus Truppenmitteln heraus. Als Basis wurde die Verwendung landesüblicher Schlitten empfohlen. Der Pferde-Transportschlitten sollte im Winter 1944/45 in den Sammelstaffeln der Veterinär- und Gebirgsveterinärkompanien an Stelle des Pferdetransportwagen (Vf. 1) zum Transport kranker und verletzter Pferde verwendet werden.

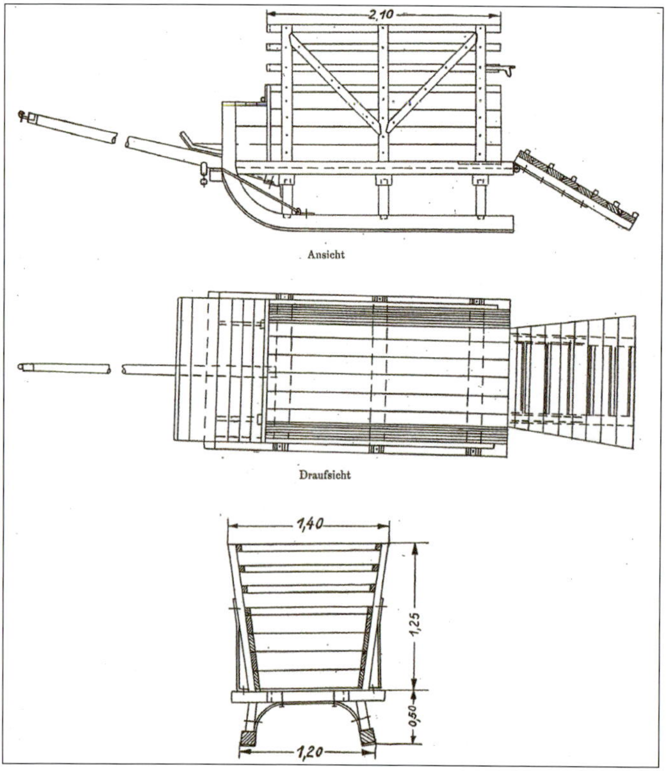

Pferdetransportwagen (Vf. 1)

Konstruktive Details:
Zweiachsiger Wagen nach dem verbesserten Protznagelsystem, unterschiedlich große Räder, Sitz für Fahrer und Beifahrer mit Bremse auf der rechten Seite, Wagenkasten mit abklappbarer Seitenwand als Auftritt für zu verladende Zugtiere.

Entwicklung / Einsatz / Besonderheiten:
Der Pferdetransportwagen kam bereits vor dem Ersten Weltkrieg zur Einführung. Eingesetzt wurde er zum Transport kranker oder verletzter Pferde oder Maultiere. Das Fahrzeug gehörte zur Ausstattung von Veterinäreinheiten, von Etappen-Pferdedepots und den Ersatz- und Zentral-Pferdedepots der Train-Ersatzbataillone.

Jahr der Einführung	1912
Besatzung	2 Mann
Bespannung	2 Maultiere / 2 oder 4 Pferde
Gewicht, leer	1100 kg
Gewicht, beladen	1300 kg
Länge	4400 mm
Breite	1850 mm
Höhe	2200 mm
Bodenfreiheit	
Spurweite	
Raddurchmesser	
Radreifenbreite	
Bereifung	Eisen
Federung	ohne

In der ehemaligen Deutschen Wehrmacht zählte der Pferdetransportwagen zur Gruppe der Verwaltungsfahrzeuge. Veterinär- und Gebirgsveterinärkompanien verfügten in ihren Sammelstaffeln über je zwei Fahrzeuge dieser Art, die nun vierspännig gefahren wurden.

Einfahrwagen

Jahr der Einführung	1920er Jahre
Besatzung	2–5 Mann
Bespannung	2 Pferde
Gewicht, leer	755 kg
Gewicht, beladen	1075 kg
Länge	2790 mm
Breite	1760 mm
Höhe	2200 mm
Bodenfreiheit	
Spurweite	
Raddurchmesser	
Radreifenbreite	
Bereifung	Stahl
Federung	Blatt

Konstruktive Details:
Zweiachsiges, gefedertes Fahrzeug nach dem verbesserten Protznagelsystem, Holzspeichenräder unterschiedlicher Größe, die vorderen mit kleinerem Durchmesser (Unterlenker), Hebelbremse auf der rechten Seite, feststehende Hinterbracke, Wagenkasten mit Sitzflächen und Rückenlehnen,

Entwicklung / Einsatz / Besonderheiten:
Einfahrwagen dienten dem Einfahren junger Pferde, der Verbesserung der Zugleistung schwieriger Pferde und der Ausbildung von Fahrern vom Bock. Sie waren leicht, aber fest gebaut, gut gefedert und zeigten eine große Lenkbarkeit. Ihre hohe Bauart gestattete dem Fahrer ein leichteres Einwirken auf die Pferde beim Einfahren und war auch im Stadtverkehr von Vorteil. In einem Armeepferdepark verfügte jeder der sechs Züge über einen Einfahrwagen. Die Veterinärkompanien führten in der Vorrats- und Erholungsstaffel ebenfalls über ein Fahrzeug dieser Bauart.

Kraftquellen-wagen (Vf. 3)

Jahr der Einführung	1933
Besatzung	1 Mann
Bespannung	2 Pferde
Gewicht, leer	1370 kg (420 + 950 kg)
Gewicht, beladen	1500 kg (550 + 950 kg)
Länge	4550 mm
Breite	1850 mm
Höhe	1800 mm
Bodenfreiheit	
Spurweite	1530 mm
Raddurchmesser	1290 mm
Radreifenbreite	70 mm
Bereifung	Eisen
Federung	Blatt

Konstruktive Details:
Zweiteiliges Fahrzeug, bestehend aus Vorderwagen (Protze) und Hinterwagen mit Gehäuse, Holzspeichenrädern, Hauptteile sind Fahrgestell, Wagenkasten, Achsen mit den Rädern, Anspannvorrichtung mit Deichsel, im Vorderwagen sind Ausrüstungsgegenstände untergebracht, im Hinterwagen ein 4-Takt-Ottomotor (4 Zylinder, Reihe) mit einem Stromerzeuger für 220 Volt Gleichstrom.

Entwicklung / Einsatz / Besonderheiten:
Der Kraftquellenwagen gehörte zum Verwaltungsgerät. Er wurde zusammen mit je zehn Backofenwagen (Vf. 1) und einem Teigknetwagen in den bespannten Bäckereikompanien eingesetzt und diente der Erzeugung des Kraftstromes zum Antrieb des Teigknetwagens (Vf. 2) sowie zur Beleuchtung der Zelte und Backofenwagen (Vf. 1) im Nachteinsatz.

Brückenwagen 05

Jahr der Einführung	1900 bzw. 1905
Besatzung	-
Bespannung	6 Pferde
Gewicht, leer	
Gewicht, beladen	(500 kg Ganzponton)
Länge	8000 mm (Ganzponton)
Breite	1850 mm (1500 mm Ganzponton)
Höhe	2400 mm (850 mm Ganzponton)
Bodenfreiheit	
Spurweite	1530 mm
Raddurchmesser	1234 mm vorn, 1548 mm hinten
Radreifenbreite	
Bereifung	Eisen
Federung	ohne

Korps-Brückenwagen, auch als Haket oder als Pontonhaket bezeichnet

Konstruktive Details:
Zweiachsiges Fahrzeug, bestehend aus Vorder- und Hinterwagen, die mit einem Protznagel miteinander verbunden sind, zum Vorderwagen gehören Achse, Lenkgestell und Protznagel, unten Durchbruch für vier Balken, Kasten für Ankertau, Geschirr- und Stallsachen, auch als Sitz für vier Mann, Hintergestell mit Achse, vorderen und hinteren Querträgern mit zwei Dornen, Halterung für einen Anker, an jedem Schwungbaum zwei Spannstangen zum Festlegen des verlasteten Pontons, unter dem hinteren Wagenkasten Spindelbremse.

Entwicklung / Einsatz / Besonderheiten:
Brückenwagen, auch Hakets genannt, dienten dem Transport des vorbereiteten Brückenmaterials. Zur Ausstattung eines Korps-Brückentrains n/A von 1910 gehörten 26 Pontonwagen, die sechsspännig gezogen worden sind. Divisions-Brückentrains verfügten über 12 Brückenwagen. Der Ablösung des Brückenwagen n/A und 00 in den Divisions- und Korps-Brückentrains gingen fast zehn Jahre währende Erprobungen und Truppenversuche voraus, die mit der Herausgabe einer neu gefassten Pontoniervorschrift im Jahr 1910 einen vorläufigen Abschluss fanden. Darin wurden die neuen Brückenwagen als Modelle 00 n/A und 05 bezeichnet.
Ähnlich konstruiert war der Brückenwagen mit Halbpontons.

Kavallerie-Brückenwagen 05

Jahr der Einführung	1905
Besatzung	2 Mann
Bespannung	4 Pferde
Gewicht, leer	
Gewicht, beladen	
Länge	
Breite	
Höhe	
Bodenfreiheit	
Spurweite	
Raddurchmesser	1040 mm vorn, 1400 mm hinten
Radreifenbreite	65 mm
Bereifung	Eisen
Federung	ohne

Konstruktive Details:
Zweiachsiger Wagen mit Holzspeichenrädern, verbessertes Lenkscheitsystem, Bocksitz mit Spindelbremse zur Hinterachse, als Brückengerät zwei Halbboote aus Stahl und Brückenstege, in dem Kasten hinter der Hinterachse Sprengmunition, kleines Brückengerät und Gerät zur Bootsinstandsetzung. Zur Ausrüstung gehört ein Anker.

Entwicklung / Einsatz / Besonderheiten:
Im Jahr 1905 löste der Kavallerie-Brückenwagen 05 den Faltbootwagen in den Kavallerieregimentern ab. Jedes Regiment führte zwei Brückenwagen 05 in der Gefechtsbagage mit. Mit Hilfe der Bootskörper und der Brückenstege konnten mit dem im Regiment vorhandenen Pioniergerät 1 m breite Brückenstege von 20 bis 35 m Länge oder eine Laufbrücke 2 m breit und 16 m lang, oder eine verstärkte Laufbrücke 2 oder 3 m breit und 12 bzw. 8 m lang über Gewässer gelegt werden. Aus zwei Ganzbooten ließ sich auch eine Fähre zusammenbauen. Sie trug acht Kavalleristen oder zehn Infanteristen mit ihrer Ausrüstung.

Flammenwerfer-Füllwagen (Pf. 21)

Jahr der Einführung	1938
Besatzung	-
Bespannung	ohne, 2 Mann im Mannschaftszug (Bedienung insgesamt 4 Mann)
Gewicht, leer	212 kg (108 kg Fahrgestell)
Gewicht, beladen	310 kg
Länge	
Breite	
Höhe	
Bodenfreiheit	
Spurweite	
Raddurchmesser	
Radreifenbreite	
Bereifung	Gummi
Federung	ohne

Konstruktive Details:
Einachsiges Fahrzeug mit Rahmen, Rädern und Deichsel für den Mannschaftszug, auf dem Rahmen Halterungen für eine 10-Liter-Stahlflasche mit Stickstoff-Pressgas, zehn 1-Liter-Stahlflaschen für Wasserstoff-Pressgas, zehn Kanister für jeweils 10 Liter Flammöl, für das Ventil und den Werkzeugkasten. Das Anhängen des Füllwagens war nur in Ausnahmefällen vorgesehen.

Entwicklung / Einsatz / Besonderheiten:
Der Flammenwerfer-Füllwagen (Pf. 21) wurde in den Nachschubtrupps der Flammenwerfergruppen von Pionierkompanien eingesetzt. Er diente dem Transport eines Vorrates von Flammöl, Stickstoff- und Wasserstoff-Pressgas zum Auffüllen von Flammenwerfern. Er reichte für zehn Füllungen für den kleinen oder für drei Füllungen für den mittleren Flammenwerfer. Außerdem wurden Zubehörteile und Werkzeuge mitgeführt.

Handkarren für Aufnahmegerät (Hmf. 1)

Jahr der Einführung	1939/1940
Besatzung	-
Bespannung	ohne, Mannschaftszug
Gewicht, leer	35 kg
Gewicht, beladen	zirka 90 kg
Länge	1090 mm
Breite	922 mm
Höhe	800 mm
Bodenfreiheit	
Spurweite	
Raddurchmesser	
Radreifenbreite	
Bereifung	Gummi
Federung	

Konstruktive Details:
Einachsiger Handkarren, bestehend aus dem Fahrgestell mit Rädern und dem Aufbau, Deichsel mit klappbarer Stütze zum Feststellen des Wagens, vorderer Teil der Deichsel mit Handgriff, in und am Aufbau Messinstrumente und Geräte für die Vermessungsaufgaben.

Entwicklung / Einsatz / Besonderheiten:
Der Handkarren für Aufnahmegerät (Hmf. 1) gehörte zur Ausstattung von Vermessungs- und Karteneinheiten. Mit der Umgliederung der Vermessungs- und Karteneinheiten (mot.) im Sommer 1941 fanden sie in den 1. (Vermessungs-) Batterien Verwendung.

Im Allgemeinen wurde das Fahrzeug im Gelände von zwei Mann gezogen, auf Feldwegen und im flachen Gelände sowie auf festen Straßen konnte es im Kraftzug mit 20–40 km/h bewegt werden. Auf langen Märschen wurde der Handkarren auf Lastkraftwagen verladen.

Handkarren für den leichten Ladungswerfer (Pf. 25)

Jahr der Einführung	1940
Besatzung	-
Bespannung	ohne, Mannschaftszug
Gewicht, leer	106 kg
Gewicht, beladen	230–260 kg, 265 kg
Länge	2145 mm
Breite	1000 mm
Höhe	1935 mm (mit Plane)
Bodenfreiheit	
Spurweite	
Raddurchmesser	
Radreifenbreite	
Bereifung	Gummi
Federung	

Konstruktive Details:
Einachsiges Fahrzeug mit Stahlfelgenrädern mit Stahldrahtspeichen und Druckluftgummibereifung, fahrbar im Mannschaftszug und hinter dem leichten Feldwagen (Hf. 1) oder im Kraftzug, Hauptteile sind der Rahmen mit Deichsel, die eine drehbare Zugöse trägt, sowie Achse, Wagenkasten, Räder und Plane.

Entwicklung / Einsatz / Besonderheiten:
Der Handkarren (Pf. 25) wurde 1940 zusammen mit dem 20-cm-leichten Ladungswerfer bei den schweren Pioniergranatwerfergruppen eingeführt. Er diente zu Verladung und Transport dieses Werfers, der dazugehörigen Munition und ihrem Transport im Gelände. Gezogen wurde er von der Werferbedienung. Für den motorisierten Zug war der Handkarren nur auf glatten Straßen und bei nur mäßiger Geschwindigkeit geeignet.

Pionierhandkarren (Pf. 22)

Jahr der Einführung	1942
Besatzung	-
Bespannung	ohne, Mannschaftszug
Gewicht, leer	85 kg
Gewicht, beladen	385 kg
Länge	2460 mm
Breite	1140 mm
Höhe	870 mm
Bodenfreiheit	270 mm
Spurweite	1000 mm
Raddurchmesser	670 mm (Stahllaufräder)
Radreifenbreite	70 mm
Bereifung	Gummi, Bereifung Kr. 4611 3,5.19 oder Stahl
Federung	ohne

Konstruktive Details:
Einachsiges Fahrzeug mit gummibereiften Stahlscheibenrädern, zuletzt mit Stahlbereifung, fahrbar mittels klappbarer Deichsel im Mannschaftszug, Fahrgestellrahmen mit Stahlblechaufbau mit klappbaren Seiten-, Stirn- und Rückenwänden, zum Zubehör gehören zwei Ziehgurte und zwei Ziehseile.

Entwicklung / Einsatz / Besonderheiten:
Der Pionierhandkarren wurde für den Bedarf der Pioniertruppen des Heeres entwickelt und mit Verfügung vom 24. August 1942 eingeführt. Pionier- und Gebirgspionierkompanien erhielten drei, leichte Pionierkolonnen (mot) und leichte Gebirgskolonnen jeweils einen Pionierhandkarren (Pf. 22). Er diente der Aufnahme des Kastens Flammenwerfer 41 mit Inhalt. Außerdem konnten mit ihm Spreng- und Zündmittel, Munition sowie Kleingerät aller Art mit einem Gewicht bis zu 300 kg in das vordere Kampfgelände befördert werden.
Über längere Strecken wurde das Fahrzeug verpackt auf Lastkraftwagen mitgeführt.

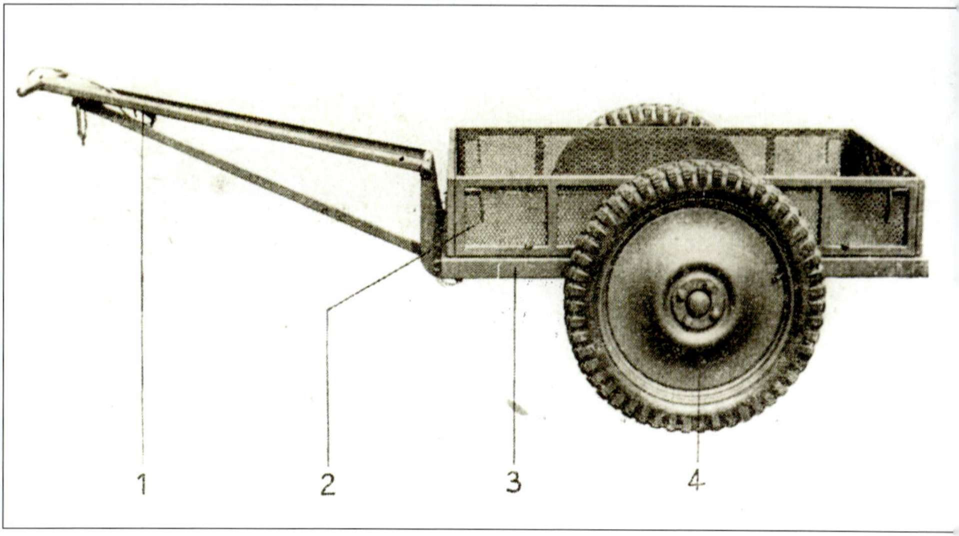

Patronenwagen C/59

Jahr der Einführung	1859
Besatzung	4 Mann
Bespannung	2 Pferde
Gewicht, leer	
Gewicht, beladen	
Länge	
Breite	
Höhe	
Bodenfreiheit	
Spurweite	
Raddurchmesser	
Radreifenbreite	
Bereifung	Eisen
Federung	ohne

Konstruktive Details:
Zweiteiliges, nach dem Balanciersystem gebautes Fahrzeug, bestehend aus Vorderwagen (Protze) und Hinterwagen mit unterschiedlich großen Rädern, Wagenkästen der beiden Teilfahrzeuge sind nach oben aufklappbar und nehmen acht bzw. 12 Patronenkästen mit je 960 Patronen (insgesamt 19 200 Patronen mit einem Gewicht von 480 kg) für das Gewehr M/71 auf.

Entwicklung / Einsatz / Besonderheiten:
Der Patronenwagen C/59 gehörte zur Fahrzeugausstattung der kleinen und großen Bagagen der Schützenkompanien. Er diente der Ergänzung des Munitionsvorrates auf dem Gefechtsfeld. Beim Bataillon befand sich ein Bataillons-Patronenwagen C/59 mit geringfügig veränderter Ausstattung. Infanterie-Munitionskolonnen führten insgesamt 21 Patronenwagen C/59 mit.
Wegen der zwischen 1859 und 1871 mehrfach geänderten Munitionsausstattung für die Infanteriebewaffnung musste die Inneneinrichtung des Patronenwagen C/59 aptiert werden, zuletzt im Jahr 1871.

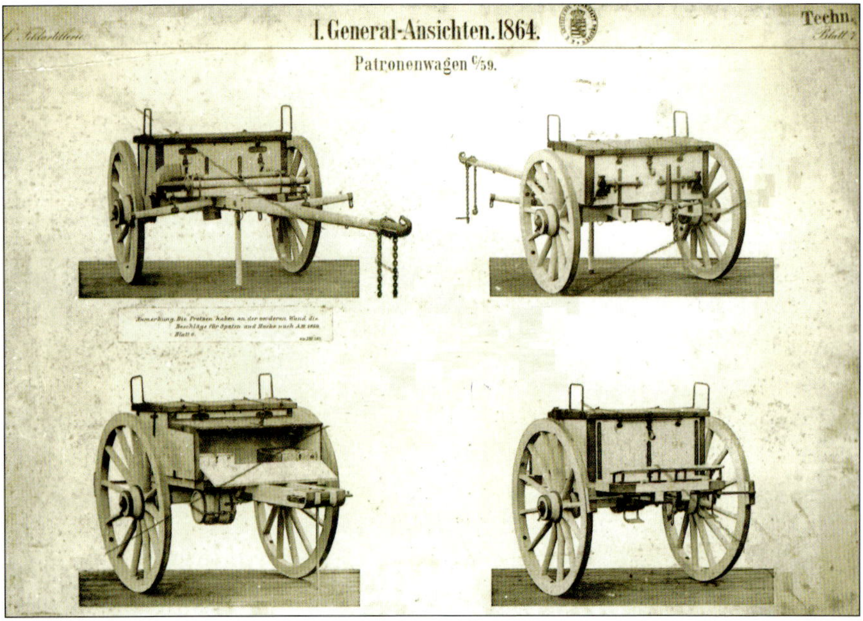

Infanterie-Patronenwagen C/74

Jahr der Einführung	1874
Besatzung	4 Mann
Bespannung	2 Pferde
Gewicht, leer	
Gewicht, beladen	
Länge	
Breite	
Höhe	
Bodenfreiheit	
Spurweite	
Raddurchmesser	
Radreifenbreite	
Bereifung	Eisen
Federung	ohne

Konstruktive Details:
Zweiteiliges, nach dem Balanciersystem gebautes Fahrzeug, bestehend aus Vorderwagen (Protze) und Hinterwagen mit Protzösenverbindung, Wagenkästen auf beiden Fahrzeugteilen lassen sich nach vorn bzw. hinten öffnen und nehmen insgesamt 27 720 11-mm-Patronen (mit einem Gewicht von 693 kg) für das Gewehr M/71 auf, beide Teilfahrzeuge bieten Sitzplätze mit Rücken- und Seitenlehnen sowie Fußbrettern für vier Mann.

Entwicklung / Einsatz / Besonderheiten:
Der Infanterie-Patronenwagen C/74 ist zur Aufnahme der Munition für das neu eingeführte 11-mm-Gewehr M/71 eingerichtet und trat ab 1874 bei den kleinen und den großen Bagagen der Infanteriekompanien in Erscheinung.

Weitere vier Infanterie-Patronenwagen standen bei den Infanteriebataillonen und 21 in den Infanterie-Munitionskolonnen. Sie dienten der Mitführung des Munitionsvorrates der Infanteristen. Vor dem Eintritt in das Gefecht wurde ihr Inhalt an die Truppe verteilt und aus der Munitionsreserve des Bataillons oder der Gefechtsstaffel der Munitionskolonnen ergänzt.

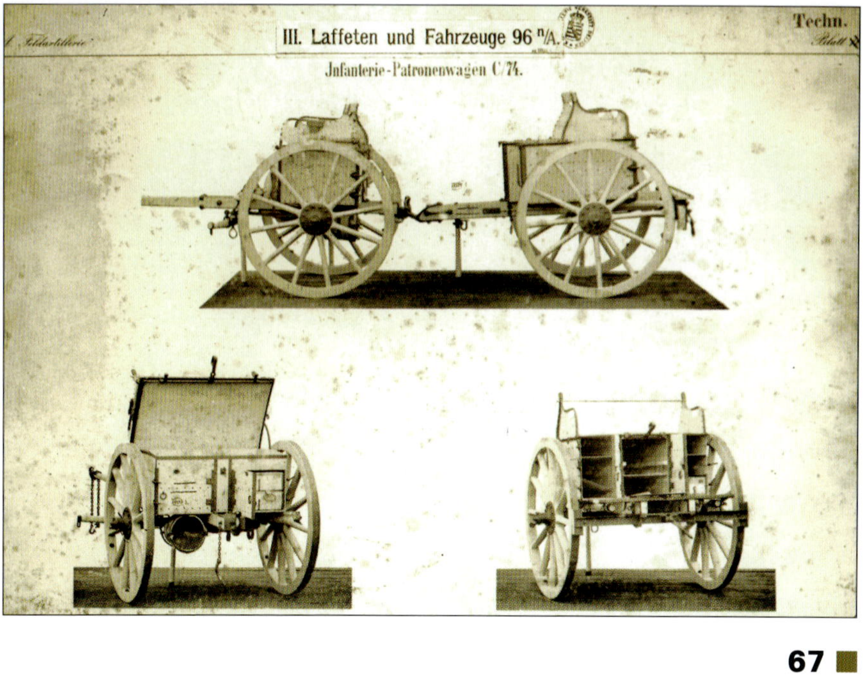

Kompanie-Patronenwagen 97

Jahr der Einführung	1897
Besatzung	2 Mann
Bespannung	2 Pferde
Gewicht, leer	480 kg
Gewicht, beladen	
Länge	8150 mm (mit Deichsel)
Breite	1850 mm
Höhe	1290 mm (Protze bis Oberkante Sitzkasten)
Bodenfreiheit	
Spurweite	1580 mm
Raddurchmesser	1224 mm
Radreifenbreite	55 mm
Bereifung	Eisen
Federung	ohne

Konstruktive Details:
Zweiachsiges, nach dem Protznagelsystem gebautes Fahrzeug mit den Feldwagenrädern 95 n/K, Vorderwagenkasten mit Achse, Deichselaufnahme und Protznagel, Hinterwagenkasten mit Fußbrett, Bocksitz, auf der rechten Seite Bremskurbel für Spindelbremse, die auf die Hinterräder wirkt, hinten nach oben zu öffnender Wagenkasten zur Aufnahme der Patronenkästen.

Entwicklung / Einsatz / Besonderheiten:
An die Infanterie wurde ab 1897 der zweispännige Kompanie-Patronenwagen 97 ausgegeben. Die besonders leicht gebauten Fahrzeuge ersetzten teilweise die früher gebräuchlichen Bataillons-Patronenwagen. Große Aufmerksamkeit hat man der guten Lenkbarkeit und Biegsamkeit der Wagen gewidmet; sie sollten den Truppen auch außerhalb der Straßen leicht folgen und die Ergänzung des Taschenvorrates der für die Infanterie bestimmten Munition sichern.

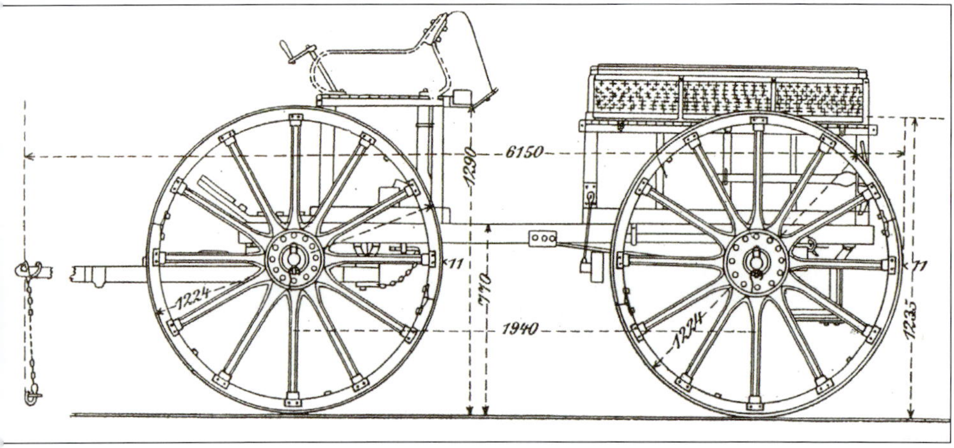

Minenwerferprotze

Jahr der Einführung	1921/22
Besatzung	1 Mann
Bespannung	2 oder 4 Pferde
Gewicht, leer	420 kg
Gewicht, beladen	550–570 kg
Länge	
Breite	
Höhe	
Bodenfreiheit	
Spurweite	1125 mm
Raddurchmesser	1100 mm
Radreifenbreite	55 mm
Bereifung	Eisen
Federung	ohne

Konstruktive Details:
Einachsiger Wagen mit Holzspeichenrädern, Fahrersitz mit Lehne und rechts angeordneter Bremse, Vorder- und Hinterstütze, Protzarm mit Protzöse für die Verbindung mit einer weiteren Protze oder dem leichten 17-cm-Minenwerfer bzw. der Verbindungsdeichsel des mittleren Minenwerfers, hinten zwei Kästen für 24 7,6-cm- oder vier 17-cm-Wurfminen, fahrbar mit zwei oder vier Pferden, ähnlich der Protze für den Munitions- und den Beobachtungswagen, für den Munitionstransport steht auf dem Gefechtsfeld ein Handkarren zur Verfügung, der angehängt wird.

Entwicklung / Einsatz / Besonderheiten:
In der Reichswehr gehörten die Minenwerfer zu den schweren Infanteriewaffen. Sie fanden in den Minenwerferkompanien der Infanterieregimenter Verwendung, die über sechs leichte 7,6-cm- und zwei mittlere 17-cm-Minenwerfer verfügten. Die Werfer wurden mit den Minenwerferprotzen fahrbar gemacht, die zugleich die Bereitschaftsmunition aufnahmen.
In der ersten Hälfte der 1930er Jahre erfolgte die Aussonderung der Minenwerfer nebst den dazugehörigen Protzfahrzeugen. An ihre Stelle traten das 7,5-cm-leichte und das 15-cm-schwere Infanteriegeschütz.

Maschinen-gewehrhand-ziehwagen

Jahr der Einführung	1912
Besatzung	-
Bespannung	ohne, 5 Mann im Mannschaftszug
Gewicht, leer	etwa 40 kg
Gewicht, beladen	161 kg
Länge	
Breite	
Höhe	
Bodenfreiheit	
Spurweite	
Raddurchmesser	
Radreifenbreite	
Bereifung	Eisen
Federung	ohne

Konstruktive Details:
Einachsiges Fahrzeug mit tiefer gelegtem Wagenkasten zur Aufnahme eines 7,92-mm-schweren Maschinengewehres 08 mit Dreifußlafette, dazu ein Kühlwasserausgleicher und ein Werkzeugzubehörkasten, darunter eine korbartige Aufnahme für acht Patronenkästen zu je 250 Patronen, seitlich angeordnete Stangen mit gebogenem Griffstück an jedem Ende, Aufnahmen für vier Zugseile nach jeder Seite.

Entwicklung / Einsatz / Besonderheiten:
Der Maschinengewehr-Handziehwagen mit dem schweren Maschinengewehr 03 ist bei Einsätzen des I. Seebataillons in Deutsch-Südwestafrika Anfang 1904 im Einsatz gewesen. Die Marine forderte für den Transport des Maschinengewehrgeräts und der Munition einen leicht gebauten, gut lenkbaren Karren, der in der Strandzone gezogen und geschoben werden konnte. Nach eingehender Erprobung im Kolonialeinsatz und im Verlaufe verschiedener Manöver, an denen das I. Seebataillon teilnahm, wurden ab 1912 die Maschinengewehrzüge der drei Seebataillone der Kriegsmarine mit dem Maschinengewehr-Handziehwagen für das schwere Maschinengewehr 08 ausgestattet.
Im Einsatz stand das Fahrzeug während des Ersten Weltkrieges beim Deutschen Marinekorps in Flandern.

Maschinengewehrhandkarren (Versuch)

Jahr der Einführung	1916
Besatzung	-
Bespannung	ohne, Mannschaftszug
Gewicht, leer	15 kg
Gewicht, beladen	97 kg (mit Panzermantel)
Länge	1710 mm (mit verlastetem Maschinengewehr 08)
Breite	750 mm
Höhe	640 mm
Bodenfreiheit	260 mm
Spurweite	655 mm
Raddurchmesser	620 mm
Radreifenbreite	35 mm
Bereifung	Eisen
Federung	ohne

Konstruktive Details:
Einachsiges Fahrzeug mit eisenbereiften Speichenrädern, gekröpfter Achse vorn, mit zwei nach oben gebogenen Winkelschienen und zwei Querstegen zum Auflegen und Befestigen eines schweren Maschinengewehrs 08 mit Schlittenlafette, beim Fortbringen im Mannschaftszug werden die Riemen des Tragegeschirr 06 an der Lafette befestigt.

Entwicklung / Einsatz / Besonderheiten:
1916 erprobte die Maschinengewehrkompanie des Infanterieregiments 114 im Auftrag der 29. Infanteriedivision in der Champagne diesen Maschinegewehrhandkarren. Das einfach gehaltene Fahrzeug hat sich beim Transport des schweren Maschinengewehrs 08 gut bewährt. Über eine generelle Einführung liegen keine Angaben vor.

Handwagen (Mg 08) und Handwagen (Mg 08/15)

Andere Bezeichnung: Maschinengewehrkarren

Jahr der Einführung	1917
Besatzung	-
Bespannung	ohne, 2 Mann im Mannschaftszug
Gewicht, leer	60 kg
Gewicht, beladen	165–175 kg
Länge	
Breite	
Höhe	
Bodenfreiheit	
Spurweite	
Raddurchmesser	
Radreifenbreite	
Bereifung	Eisen
Federung	ohne

Konstruktive Details:
Einachsiger Handwagen mit abnehmbarem Wagenkasten mit Handdeichsel, Wagenkasten kann ohne Wagengestell als Schlitten gezogen werden, auf dem Handwagen kann ein Maschinengewehr 08 mit Hilfslafette oder ein Maschinengewehr 08/15 mit Gabelstütze mitgeführt werden, dazu vier Patronenkästen 15 und ein Tragekasten 16 mit zwei Patronenkästen 16 oder drei Patronenkästen aus Holz und ein Tragekasten 16, wahlweise Munition, Verpflegung und Gepäck.

Entwicklung / Einsatz / Besonderheiten:
Der Maschinengewehrkarren wurde während des Ersten Weltkrieges im Artillerie-Konstruktionsbüro Spandau entwickelt. Hergestellt wurde er ab 1917 in den Truppenwerkstätten sowie in Betrieben in der Heimat. Er diente in den Maschinengewehrkompanien der Infanterieregimenter, selbständigen Maschinengewehrzügen, -kompanien und -abteilungen zum Transport der schweren Maschinengewehre 08. Als Handwagen (MG 08/15) fand er in den Maschinengewehrgruppen der Schützenkompanien Verwendung.
Die SS-Heimwehr Danzig benutzte die Handwagen 1939 noch zum Transport des 8,8-cm-Granatwerfers 34.

Maschinengewehrhandwagen für Maschinengewehr 08

mit Schlitten oder Dreifuß (If. 1 und If. 2)

Jahr der Einführung	1926
Besatzung	-
Bespannung	ohne, 2 Mann im Mannschaftszug
Gewicht, leer	54 kg
Gewicht, beladen	154–162 kg
Länge	1650 mm
Breite	888 mm
Höhe	900 mm
Bodenfreiheit	
Spurweite	
Raddurchmesser	495 mm
Radreifenbreite	45 mm
Bereifung	Eisen
Federung	ohne

Konstruktive Details:
Einachsiger Handwagen mit Wagenkasten, Handdeichsel mit Zugtauen für zwei Mann und Deichselstütze, auf dem Fahrzeug ein schweres Maschinengewehr 08 mit Schlitten oder Dreifuß und vier Patronenkästen mit je 250 Schuss, ein Laufbehälter, ein Wasserkasten und eine Gabelstütze, Befestigung mittels besonderer Vorrichtung, Curton odor Riomon, auf längeren Märschen hinter dem Maschinengewehrwagen (If. 3)

Entwicklung / Einsatz / Besonderheiten:
Der Maschinengewehrhandwagen löste den Handwagen (MG 08) in den Maschinengewehrkompanien und den Handwagen (MG 08/15) in den Schützenkompanien ab. Er gehörte in den Maschinengewehrkompanien zur Ausstattung des 1., 2. und 3. Zuges. Jede Maschinengewehrgruppe verfügte über einen Maschinengewehrwagen (If. 1 oder If. 2). Der Handwagen diente dem Transport des Maschinengewehrs und des im Gefecht zuerst benötigten Gerätes sowie der Munition im Gelände. Maschinengewehrwagen kamen bei den Maschinengewehrkompanien der Landwehr-Infanterieregimenter und später bei der SS-Ordnungspolizei zum Einsatz.

Schwerer Maschinengewehrwagen (If. 3)

(Bauart 08)

Jahr der Einführung	1909
Besatzung	1 Mann (1.–3. Zug)
Bespannung	2 Pferde
Gewicht, leer	730 kg (335 + 395 kg)
Gewicht, beladen	1184 kg (489 + 695 kg)
Länge	3200 mm
Breite	1860 mm
Höhe	1610 mm
Bodenfreiheit	
Spurweite	
Raddurchmesser	
Radreifenbreite	
Bereifung	Stahl
Federung	ohne

Konstruktive Details:
Zweiteiliges Fahrzeug, bestehend aus Vorderwagen (Protze) und Hinterwagen mit Holzspeichenrädern, im Wagenkasten des Vorderwagens sind Zubehör und Vorratssachen untergebracht, auf dem Wagenkasten ist der Platz des Fahrers, rechts von ihm die Bremse, auf dem Wagenkasten des Hinterwagens sind je nach Verwendung ein bzw. zwei schwere Maschinengewehre 08, darunter Gurtkästen und Waffenzubehör.

Entwicklung / Einsatz / Besonderheiten:
Das bereits im Jahr 1909 eingeführte, zum Maschinengewehrgerät 08 gehörende Fahrzeug war noch zu Beginn des Zweiten Weltkrieges in den 4. (Maschinengewehr-) Kompanien der Schützenbataillone im Einsatz. Es diente zum Fortschaffen von zwei schweren Maschinengewehren 08 mit der entsprechenden Bereitschaftsmunition und wurde in leicht abgewandelter Form auch als Munitionswagen verwendet.
Ab August 1943 erfolgte die Nachrüstung mit einer Fahrbremse. Die schweren Maschinengewehrwagen (If. 3) sind als Protzfahrzeuge in bespannten Panzerjäger- und Infanteriegeschützeinheiten (als Vorspann u.a. für die 5-cm Pak 38 und das 7,5-cm leichte Infanteriegeschütz 37) aufgebraucht worden.

Maschinengewehrwagen (leicht) (If. 4)

Jahr der Einführung	1916
Besatzung	5 Mann
Bespannung	4 Pferde
Gewicht, leer	710 kg (335 + 335 kg)
Gewicht, beladen	1158 kg (516 + 642 kg) 1558 kg mit aufgesessenem Mannschaftszug
Länge	7476 mm (mit Deichsel)
Breite	1856 mm
Höhe	1610 mm
Bodenfreiheit	zirka 400 mm
Spurweite	1530 mm
Raddurchmesser	1224 mm
Radreifenbreite	55 mm
Bereifung	Eisen
Federung	

Konstruktive Details:
Zweiteiliges Fahrzeug, bestehend aus der Protze und dem Hinterwagen, Bremse auf der linken Seite, die Protze mit Kastenaufbau aus Stahlblech und Sitzauflage dient der Aufnahme von Vorräten, Zubehör und Werkzeug, der Hinterwagen nimmt zwischen zwei Sitzen ein Maschinengewehr 08 auf Dreifuß, 4 Wasserkästen, 1 Ergänzungskasten, 19 Patronenkästen mit 4750 Patronen und drei Gurttrommeln mit 300 Patronen (insgesamt 5250 Patronen) auf.

Entwicklung / Einsatz / Besonderheiten:
Der Maschinengewehrwagen (leicht) (If. 4) ähnelt dem Maschinengewehrwagen (If. 3) und kam in den Maschinengewehrbegleitzügen, die mit dem 7,92-mm-Maschinengewehr 08 auf Dreifuß ausgestattet waren, zum Einsatz. Die durchschnittliche Zugbelastung lag ohne aufgesessene Mannschaft bei 290 kg für jedes Pferd.
Während des Zweiten Weltkrieges sind die Protzen zur Beweglichmachung von 7,5-cm-Infanteriegeschützen 37 und 5-cm-Panzerabwehrkanonen 38 aufgebraucht worden.

Maschinengewehrwagen (If. 5)

(Bauart 36)

Konstruktive Details:
Der Maschinengewehrwagen besteht aus dem Vorderwagen (Protze) und dem Hinterwagen, Teile des Vorderwagens sind das Untergestell mit Kastenträgern, Tragbäumen, die Achse mit Rädern, die Deichsel, die Federkupplung und die Hebelbremse auf der rechten Seite, im Wagenkasten sind Futter, Ausrüstungen und vier Gurttrommeln 34 untergebracht, der Hinterwagen lässt sich durch Betätigen eines Hebels vom Vorderwagen abkuppeln, er steht dann auf herabgelassenen Stützen, er besteht aus Untergestell mit Hebelbremse, Stützen- und Kupplungsgestänge und dem Wagenkasten mit einem Zwillingssockel 36 mit zwei 7,92-mm Maschinengewehren 34, 34 Patronenkästen, acht Patronenkästen 36, dazu verschiedene Ausrüstungen, u.a. zwei MG-Lafetten.

Jahr der Einführung	1936
Besatzung	3 Mann
Bespannung	2 Pferde
Gewicht, leer	710 kg (335 +516 kg) 950 kg Serienfahrzeug (400 + 570 kg)
Gewicht, beladen	1158 kg (375 + 642 kg) 1570 kg Serienfahrzeug (550 + 1000 kg)
Länge	3300 mm (Verlademaß) 7500 mm (mit Deichsel)
Breite	1800 mm
Höhe	2100 mm
Bodenfreiheit	320 mm
Spurweite	
Raddurchmesser	835 mm
Radreifenbreite	156 mm
Bereifung	Gummi, Bereifung 6.00-20 Kr. 4685
Federung	

Entwicklung / Einsatz / Besonderheiten:
Der Maschinengewehrwagen (If. 5) diente der Mitführung von zwei MG-34 einschließlich Lafetten, Zubehör und Munition. Er war gleichzeitig durch den Einbau des Zwillingssockels 36 zur Flugzeugabwehr aus dem Stand und

auf dem Marsch geeignet. Sein Einsatz erfolgte in den Maschinengewehrkompanien, deren drei Züge je zwei Fahrzeuge dieser Bauart hatten. Außerdem wurden die Wagen in den Artillerie- und Fahrabteilungen zur Tieffliegerabwehr verwendet.

Die ersten 150 Vorserienfahrzeuge des Maschinengewehrwagen (If. 5) kamen ab 1936 zur Truppe. Sie waren leichter als die ab 1937 ausgelieferten Wagen der Großserie.

Infanteriekarren (If. 8)

Jahr der Einführung	1941
Besatzung	1 Mann (fährt an der Trense)
Bespannung	1 Pferd / 1 Maultier oder Mannschaftszug
Gewicht, leer	81,5 kg (95,5 kg mit Deichsel)
Gewicht, beladen	431,5–445,5 kg
Länge	1190 mm (ohne Deichsel) 2210 mm (mit Handdeichsel)
Breite	990 mm
Höhe	730 mm
Bodenfreiheit	320 mm
Spurweite	860 mm
Raddurchmesser	670 mm (Stahllaufräder)
Radreifenbreite	115 mm (Stahllaufräder)
Bereifung	Gummi
Federung	Schwingschenkel mit Federkopf

Konstruktive Details:
Einachsiges Fahrzeug, fahrbar mit Bespannung in einer Gabeldeichsel und Sielengeschirr 25 oder Handdeichsel im Mannschaftszug, außerdem kurze Deichsel zum Anhängen an den Protzhaken eines anderen Infanteriekarrens, gefederte Stahlscheibenräder mit Gummi- oder Stahlbereifung, Hauptteile sind das Kastengestell mit Gestellrahmen und Einsatz sowie Räder mit Aufhängung, Plane und verschiedenen Rüstsätzen.

Entwicklung / Einsatz / Besonderheiten:
In den Blitzkriegsfeldzügen von 1939/40 hatte die Beweglichkeit der Infanterie unter dem Mangel kleiner leichter Fahrzeuge zum Transport von schweren Infanteriewaffen, Nachrichtengerät, Munition und anderen Nachschubgütern gelitten. Dem wurde mit der Einführung des Infanteriekarrens (If. 8) entsprochen, von dem allein 1943/44 verschiedene Hersteller 79 200 Stück auslieferten. Sie kamen in den Grenadier-, Füsilier- und Jägerbataillonen, Nachrichten- und Panzerzerstörereinheiten zum Einsatz. Für die sehr unterschiedlichen Verwendungen gab es verschiedene Rüstsätze und spezielle Halterungen. Teilweise löste das vielseitig einsetzbare Fahrzeug den Granatwerferkarren (If. 9/1) ab und trat auch als Protze für das 7,5-cm-leichte Infanteriegeschütz 18 in Erscheinung. Eine Grenadierkompanie verfügte über acht, eine Füsilierkompanie auf Fahrrädern über 15 und eine Panzerzerstörerkompanie über 27 Infanteriekarren.

Gefechtskarren für schweren Granatwerfer (If. 9/1)

Jahr der Einführung	1938/1939
Besatzung	1 Mann (führt an der Trense)
Bespannung	1 Pferd / 1 Maultier oder Mannschaftszug
Gewicht, leer	zirka 200 kg
Gewicht, beladen	317 kg
Länge	3720 mm (bis Deichselspitze)
Breite	1366 mm
Höhe	1280 mm
Bodenfreiheit	
Spurweite	1125 mm
Raddurchmesser	800 mm
Radreifenbreite	55 mm
Bereifung	Eisen
Federung	Blattfederung

Konstruktive Details:
Einachsiges Fahrzeug mit Holzspeichenrädern und einer Gabeldeichsel für den einspännigen Pferdezug, Bespannung mit Sielengeschirr und Zaumzeug 22, vereinfacht mit Trensenzügel, im Wagenkasten Platz für 8-cm-Granatwerfer 34 mit Zweibein, Richtaufsatz, Bodenplatte und einen Teil der Munition. Zur Ausrüstung gehört eine Regenplane.

Entwicklung / Einsatz / Besonderheiten:
Die Einführung des Gefechtskarrens für den schweren Granatwerfer 34 (8 cm) erfolgte am 15. September 1938 (O.K.H., 15.9.38 – 73 – In2 (IX)). Das Fahrzeug fand Verwendung in den schweren Granatwerferzügen der 4. (Maschinengewehr-) Kompanien in den Infanteriebataillonen, später in den Granatwerferzügen der 4. (schweren) Kompanien der Volksgrenadierbataillone. Er wurde im Verlauf des Zweiten Weltkrieges durch den Infanteriekarren (If. 8) ersetzt.

Protze (Itf. 14) (Infanterie-Teilfahrzeug)

Ausführung A und B

Konstruktive Details:
Einachsiges Fahrzeug mit gebogener und gefederter Mittelachse, zum Unterbau gehören Protzarm, gefederte Protzöse, Deichsel aus einem konischen Stahlrohr mit Deichselstütze, Wagenstütze, Holzspeichenräder und Fahrbremse, zum Oberbau gehören Wagenkasten, vorderes und hinteres Trittbrett, Kotbleche und Seitenlehnen, bei Fahrzeugen der frühen Fertigung Rückenlehnen als Behälter (Ausführung A), bei Fahrzeugen der späten Fertigung zwei Rückenlehnenbretter (Ausführung B).

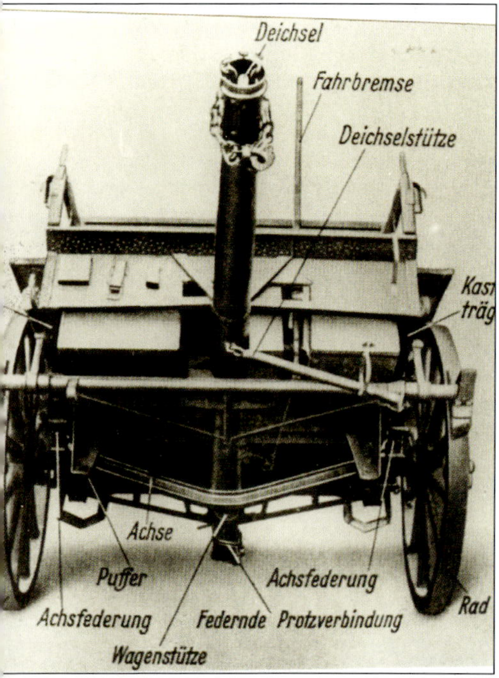

Jahr der Einführung	1933/1934
Besatzung	5 Mann
Bespannung	4 Pferde
Gewicht, leer	442 kg
Gewicht, beladen	730 kg
Länge	3050 mm
Breite	1900 mm
Höhe	1750 mm
Bodenfreiheit	
Spurweite	1100 mm
Raddurchmesser	70 mm
Radreifenbreite	Eisen
Bereifung	Blatt
Federung	

Entwicklung / Einsatz / Besonderheiten:
Das Infanterie-Teilfahrzeug (Itf. 14) stand ab 1933/34 in den Infanteriegeschützkompanien der Infanterieregimenter des deutschen Heeres als Protze für das 7,5-cm-leichte Infanteriegeschütz 18 zur Verfügung. Es ergaben sich weitere Abarten und Verwendungsmöglichkeiten:
Die Protze (Itf. 14/1): Fahrzeug vereinfachter Bauart, ausschließlich als Protze verwendbar,
Munitionswagen (If. 14): bestehend aus zwei Itf. 14 oder einer Protze (Itf. 14/1) und einem Hinterwagen (Itf. 14),
Beobachtungswagen (If. 15): bestehend aus einem Vorderwagen (Itf. 14/2) und einem Hinterwagen (Itf. 14/3).
Während des Zweiten Weltkrieges fanden Protzen (Itf. 14/1) und (Itf. 14/2) in bespannten Panzerjägereinheiten in Verbindung mit der 5-cm-Panzerabwehrkanone 38 und vereinzelt bei Nebelwerferbatterien als Protze für den 15-cm-Nebelwerfer 41 Verwendung.

Infanteriekarren M.37 (f)

Konstruktive Details:
Einachsiger Anhänger mit luftgummibereiften Stahlscheibenrädern, Gabeldeichsel, zwei Wagenstützen, Aufbau aus Stahlblech zur Aufnahme der Munition, wahlweise auch mit Deichsel und Zugöse für den Kraftzug (bis 46 km/h), dachfirstähnliches Planenverdeck.

Entwicklung / Einsatz / Besonderheiten:
Der Karren war 1937 als Infanterieanhänger für Pferde- und Kraftzug in die französische Armee eingeführt worden. Der Munitionswagen für die 25-mm-Panzerabwehrkanonen mle. 1934 und 1937 fasste 24 Packgefäße mit insgesamt 288 Granatpatronen.
Bis zum Ausbruch des Zweiten Weltkrieges waren 3100 Fahrzeuge dieses Typs zur Auslieferung gekommen. Ein Großteil wurde 1940 vom deutschen Heer als Kriegsbeute übernommen. Die Karren traten erstmals im Frühjahr 1941 auf dem Balkan bei der 4. Gebirgsdivision als Protzen für die 2-cm-Flugzeugabwehrkanone 38 und das 7,5-cm-Gebirgsgeschütz 36 sowie als Munitionskarren in Erscheinung.

Jahr der Einführung	1941
Besatzung	-
Bespannung	1 Pferd / 1 Maultier
Gewicht, leer	270 kg
Gewicht, beladen	589 kg
Länge:	2290 mm (mit Gabeldeichsel)
Breite	1230 mm
Höhe	1240 mm
Bodenfreiheit	
Spurweite	1060 mm
Raddurchmesser	
Radreifenbreite	
Bereifung	Gummi
Federung	

Kanonensattelwagen (K.S.W.)

Früher: Eiserner Kanonen-Sattelwagen C/1872

Jahr der Einführung	1872
Besatzung	-
Bespannung	6 Pferde oder 6 Ochsen
Gewicht, leer	1335–1367 kg
Gewicht, beladen	5867 kg
Länge	2580 mm (4380 mm mit langem 15-cm-Ringrohr)
Breite	1800 mm
Höhe	1700 mm
Bodenfreiheit	
Spurweite	1530 mm
Raddurchmesser	1450 mm (vorn) 1700 mm (hinten)
Radreifenbreite	
Bereifung	Eisen
Federung	ohne

Konstruktive Details:
Zweiachsiges, nach dem Protznagelsystem gebautes Fahrzeug mit unterschiedlich großen Rädern, Hinterachse und -räder von der kurzen 15-cm-Lafette C/1869, Vorderwagen entspricht der 15-cm-Belagerungsprotze, Zubehörkasten für Bindestränge und Handhabungstau, Längsträger mit vorderem und hinterem Querriegel zur Aufnahme der 15-cm-Kanonenrohre, die auf dem Träger, mit Bindesträngen kreuzweise gebunden, gesichert werden.

Entwicklung / Einsatz / Besonderheiten:
Der Eiserne Kanonensattelwagen trat 1864 mit der Einführung der bronzenen und der eisernen 15-cm-Kanonen C/1864 an die Stelle des Hölzernen Kanonensattelwagens C/1851. Er diente dem Transport der Rohre dieser Belagerungsgeschütze bei Märschen über längere Strecken. Die Lafetten wurden gesondert gefahren. Entsprechend der raschen Weiterentwicklung dieses Geschützkalibers musste der Kanonensattelwagen mehrfach adaptiert werden. Erstmals war das 1872 mit Einführung der 15-cm-Ringkanone C/1872 (Rohrgewicht nun 3115 kg) der Fall. Verlastet werden konnten auch die Lange 15-cm-Ringkanone von 1877 (Rohrgewicht 4000 kg) sowie die Lange 15-cm-Kanone (Rohrgewicht 3365 kg), die 1892 eingestellt wurde.
Der Einsatz erfolgte in den Spezial-Belagerungstrains des Heeres. Mit der Umbildung der Trains in die Fußartillerie mit Bespannung entsprachen die Kanonensattelwagen nicht mehr der geforderten Beweglichkeit und verblieben in den Festungen. Ähnlich war der Eiserne Kanon-Sattelwagen C/1873, der auch für das Rohr des 21-cm-Mörsers und die kurze 21-cm-Kanone verwendet werden konnte.

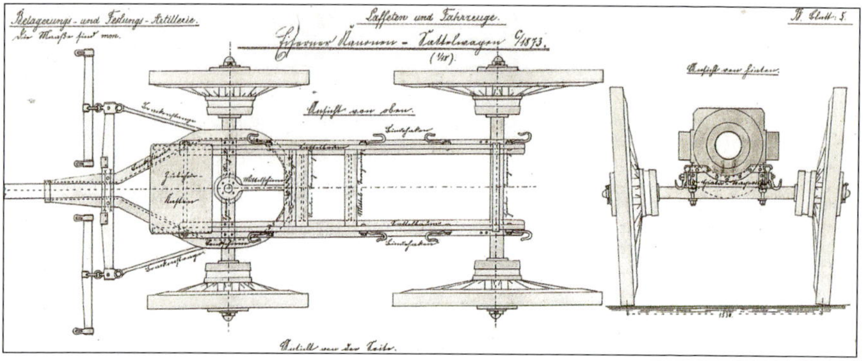

Vorratswagen C/73

Jahr der Einführung	1873
Besatzung	2 Mann
Bespannung	
Gewicht, leer	
Gewicht, beladen	
Länge	
Breite	
Höhe	
Bodenfreiheit	
Spurweite	
Raddurchmesser	
Radreifenbreite	
Bereifung	Eisen
Federung	ohne

Konstruktive Details:
Zweiachsiges Fahrzeug aus Vorderwagen (Protze) und Hinterwagen, Vorderwagen ist die Protze C/73, die auch beim Munitionswagen und der Feldschmiede C/73 Verwendung findet, Hinterwagen mit Wagenkasten für Zubehör, Werkzeug, Vorratsteile, zwei Radträgern für Reserveräder, in der Ausführung C/73/88 umgitterter Kasten, der mit einer Plane abgedeckt werden kann.

Entwicklung / Einsatz / Besonderheiten:
Der Vorratswagen C/73 wurde 1873 gleichzeitig mit der Einführung der 8-cm-Feldkanone C/73 bei der reitenden Artillerie und der 9-cm-Feldkanone C/73 bei der fahrenden Artillerie in den kleinen Bagagen der Feldkanonenbatterien aufgenommen. Zu jeder Batterie gehörte ein Vorratswagen. Auf ihm wurden Vorratsstücke (u.a. Deichseln und Räder) zur Instandsetzung des Artilleriegeräts auf dem Gefechtsfeld mitgeführt, weiterhin Schlosser- und Schmiedegerät, Lebensmittel und Sanitätsausrüstungen.
Mit der Verbesserung der Feldkanonen C/73 in den Jahren 1888 und 1891 ergab sich die Aptierung des Vorratswagens zum Modell C/73/88.

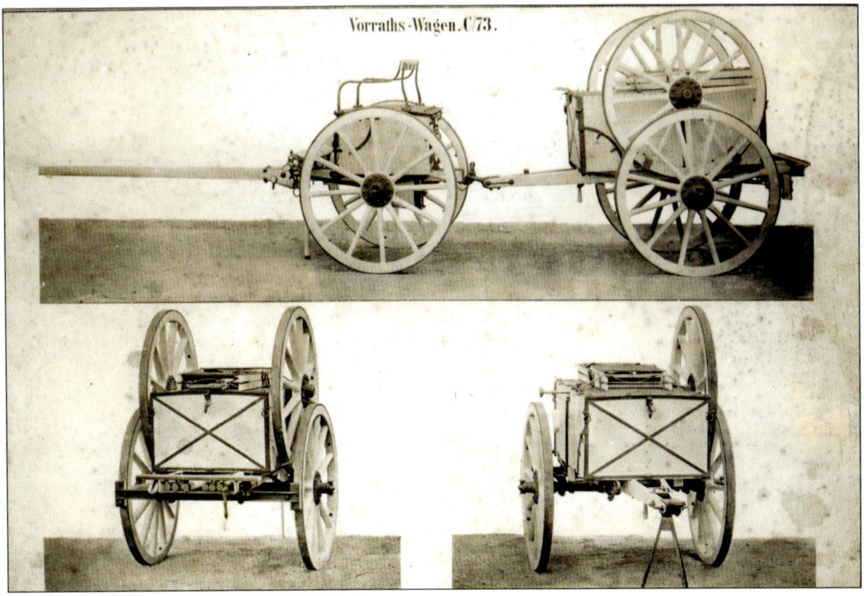

Batteriemunitionswagen C/88

Jahr der Einführung	1888
Besatzung	4 Mann
Bespannung	4 Pferde
Gewicht, leer	
Gewicht, beladen	
Länge	1163 mm (nur Wagenkasten Hinterwagen)
Breite	1279 mm (nur Wagenkasten Hinterwagen)
Höhe	
Bodenfreiheit	
Spurweite	
Raddurchmesser	
Radreifenbreite	
Bereifung	Eisen
Federung	ohne

Konstruktive Details:
Zweiteiliges, aus Vorderwagen (Protze C/88) und Hinterwagen bestehendes Fahrzeug mit Protzösenverbindung, im Vorderwagen mit Rücken- und Seitenlehnen Platz für Vorratssachen, Zubehör und Futter, auf Hinterwagen mit Bremse Wagenkasten zur Aufnahme von Packgefäßen mit der Munition für die Feldkanone C/73/88.

Entwicklung / Einsatz / Besonderheiten:
Die Aptierung des Feldkanonenmaterials C/73 im Jahr 1888 machte die Einführung des Batteriemunitionswagens C/88 notwendig. Batterien mit sechs Geschützen verfügten in der Gefechtsstaffel über sechs Munitionswagen diesen Typs. Mit ihrer Hilfe wurde der Munitionsbedarf der in die Feuerstellung eingerückten Geschütze gedeckt und aus der leichten Munitionskolonne der Abteilung ergänzt.

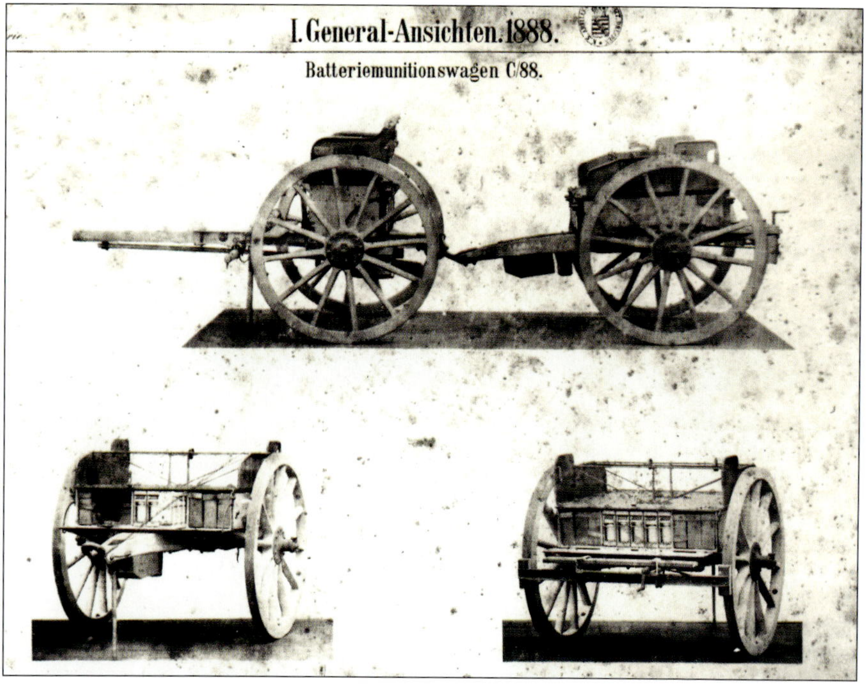

Lebensmittelwagen 96/09

Jahr der Einführung	1896
Besatzung	2 Mann
Bespannung	4 Pferde
Gewicht, leer	900 kg
Gewicht, beladen	1620 kg
Länge	3780 mm
Breite	1900 mm
Höhe	1800 mm (ohne Rungen)
Bodenfreiheit	
Spurweite	
Raddurchmesser	1350 mm
Radreifenbreite	75 mm
Bereifung	Eisen
Federung	ohne

Konstruktive Details:
Zweiachsiger, nach dem Protznagelsystem (Unterlenker) gebauter Wagen, vorn Bocksitz mit Futterkasten und Spindelbremse zur Hinterachse, zur Vergrößerung des Laderaumvolumens konnten an den Wagenkästen Rungen aufgesteckt werden, hinten Schoßkelle aus Korbgeflecht.

Entwicklung / Einsatz / Besonderheiten:
Der Lebensmittelwagen 96/09 wurde im Jahr 1909 zusammen mit der 10,5-cm-leichten Feldhaubitze 98/09 bei den Feldhaubitzabteilungen der Feldartilleriebrigaden eingeführt. Jede Feldhaubitzbatterie verfügte in ihrer großen Bagage über einen Lebensmittel- und einen Futterwagen, auf denen die Lebensmittel- und Futtervorräte mitgeführt wurden. Die Zugbelastung lag bei 405 kg für jedes Pferd.

Feldhaubitzmunitionswagen 98 (Af. 4)

Jahr der Einführung	1898
Besatzung	5 Mann
Bespannung	6 Pferde
Gewicht, leer	1150 kg (520 + 630 kg)
Gewicht, beladen	3222 kg (einschließlich 5 Mann Besatzung)
Länge:	7000 mm (von der Deichselspitze aus) 5100 mm (nur Protze mit Deichsel)
Breite	1920 mm
Höhe	1800 mm
Bodenfreiheit	500 mm
Spurweite	
Raddurchmesser	1224 mm
Radreifenbreite	70 mm
Bereifung	Eisen
Federung	

Konstruktive Details:
Zweiteiliges Fahrzeug, bestehend aus der Protze und dem Hinterwagen, die mit Protzöse für eine federnde Protzverbindung miteinander verbunden sind, Bremse am Hinterwagen hinten rechts, Protzkasten zur Aufnahme von großem Futtersack, Zubehör, Werkzeug, Zeltsack und drei Büchsen mit Kartuschvorlagen, Wagenkasten für die Aufnahme von 42 Geschosskörben sowie Körben und Kasten mit 42 Kartuschen bzw. Sonderkartuschen (nur für 10,5-cm-leichte Feldhaubitze 18).

Entwicklung / Einsatz / Besonderheiten:
Der Feldhaubitzmunitionswagen 98 (Af. 4) war bereits im Jahr 1898 mit Einführung der 10,5-cm-leichte Feldhaubitze 1898 an die Truppe ausgegeben worden. Die Protze fand auch beim Geschütz, beim 1. Vorratswagen 96.09 und beim Beobachtungswagen Verwendung. Die Zugbelastung für jedes Pferd lag im Jahr 1913 bei 418 kg und stieg im Jahr 1936 auf 537 kg mit aufgesessener Besatzung. Das Fahrzeug zählte zum Artilleriegerät und wurde in der Reichswehr bzw. Wehrmacht als Artilleriemunitionswagen 98 (Af. 4) übernommen. Jede Haubitzbatterie, ausgestattet mit vier 10,5-cm-leichten Feldhaubitzen 16 oder 18, verfügte in der 1. Munitionsstaffel über vier Feldhaubitzmunitionswagen 98 (Af. 4).

Rohrwagen für 21-cm-Mörser

Jahr der Einführung	1899
Besatzung	1 Mann
Bespannung	6 Pferde
Gewicht, leer	1222 kg
Gewicht, beladen	4300 kg
Länge	4200 mm
Breite	
Höhe	2300 mm
Bodenfreiheit	
Spurweite	
Raddurchmesser	
Radreifenbreite	
Bereifung	Eisen
Federung	ohne

Konstruktive Details:
Zweiachsiges Fahrzeug, bestehend aus Vorder- und Hinterwagen, unterem Träger mit Lagern zur Aufnahme des 3078 kg schweren Mörserrohres, vorderen und hinteren Trägerstützen und Laufbahn mit Hebezeug, Vorderwagen mit stählerner Hohlachse sowie Rädern mit Bronzenaben und Speicherschuhen, Achse des Hinterwagens ist ähnlich, aber stärker ausgebildet.

Entwicklung / Einsatz / Besonderheiten:
Mit Aufstellung der Fußartillerie-Bataillone mit Bespannung im Jahr 1893 zeigte sich, dass der Sattelwagen für den 21-cm-Bronzemörser zu schwer war. Deshalb gelangte 1899 in Verbindung mit dem leistungsfähigeren 21-cm-Stahlmörser ein Rohrwagen mit Hebevorrichtung zur Einführung. Eine besondere Hebevorrichtungen zum Zusammenbau der in mehreren Lasten transportierten 21-cm-Stahlmörsers war damit überflüssig.
Eine Mörserbatterie verfügte über vier Rohrwagen dieser Bauart, die sechsspännig gefahren wurden, allerdings nur auf befestigten Straßen. Dabei ergab sich eine Zuglast von 700 kg für jedes Pferd.

Schwere Feldhaubitz-Protze 02

Jahr der Einführung	1903
Besatzung	6 Mann
Bespannung	6 Pferde
Gewicht, leer	775 kg
Gewicht, beladen	
Länge	4873 mm (bis zur Deichselspitze)
Breite	1970 mm
Höhe	1795 mm
Bodenfreiheit	
Spurweite	1530 mm
Raddurchmesser	1230 mm
Radreifenbreite	120 mm
Bereifung	Eisen
Federung	ohne

Konstruktive Details:
Durch die Verbindung der Protze als Vorderwagen mit der Lafette der schweren 15-cm-Feldhaubitze 02 entstandenes Fahrzeug zum Transport von aufgeprotzten Geschützen, Kastenprotze mit Rücken- und Seitenlehnen (Gleichgewichtssystem), Sitzgelegenheit für sechs Kanoniere, Protzkasten in zwei Fächern eingerichtet zur Mitnahme von Zubehör, Vorratsteilen und Schanzzeug, die Verlängerung der Deichselarme nach hinten bildet den Protzhaken zum Aufprotzen des 2035 kg schweren Geschützes, klappbare Stütze unter der Deichsel.

Entwicklung / Einsatz / Besonderheiten:
Anfang 1903 wurde die spätere schwere 15-cm-Feldhaubitze 02 unter der Bezeichnung »Versuchshaubitze 99« bei den Fußartilleriebataillonen des Heeres eingeführt. Mit ihr gelangte die schwere Feldhaubitz-Protze 02 zur Einführung. Sie entstand aus der Protze für die schwere 15-cm-Feldhaubitze von 1893. Jede schwere Feldhaubitzbatterie mit vier 15-cm-schweren Feldhaubitzen 02 verfügte über vier Protzen dieser Bauart.

Batterie-Beobachtungswagen 94

Jahr der Einführung	1903
Besatzung	7 Mann
Bespannung	4 Pferde
Gewicht, leer	1080 kg
Gewicht, beladen	3080 kg
Länge	7700 mm (mit Deichsel)
Breite	
Höhe	1920 mm
Bodenfreiheit	
Spurweite	1530 mm
Raddurchmesser	1040 mm vorn, 1400 mm hinten
Radreifenbreite	65 mm
Bereifung	Eisen
Federung	Blatt (vorn eine Quer- und zwei Längsfedern, hinten zwei Längsfedern)

Konstruktive Details:
Zweiachsiges Fahrzeug nach dem Protznagelsystem, bestehend aus Vordergestell, Hintergestell und Wagenkasten mit den zugehörigen Teilen, Wagenkasten enthält unter dem Fußbrett und unter dem Vordersitz je einen Kasten, hinter dem Vordersitz Gewehrlager für sieben Kanoniere, seitliches Sitzbrett mit Fußbrettern, hinterer Wagenkasten, hinteres Sitzbrett mit Fußbrettern, Bremsspindel mit Bremsspindellager am Hintergestell.

Entwicklung / Einsatz / Besonderheiten:
Der Batterie-Beobachtungswagen gehörte zu den Fahrzeugen der schweren Artillerie (Fußartillerie) des Feldheeres. Er kam im Rahmen der schweren Feldhaubitz- und Mörserbatterien von Fußartilleriebataillonen zum Einsatz. Jede Gefechtsbatterie verfügte über einen solchen Wagen, mit dem das Personal für Artilleriebeobachtungs- und Fernsprechtrupps, Beobachtungs- und Fernmeldegerät, eine zusammenschiebbare Leiter, Zeichentafeln, Schanzzeug und Tornister transportiert wurden.
Ähnlich gebaut und ausgestattet war der Bataillons-Beobachtungswagen, von dem je zwei Stück in schweren Feldhaubitz- und Mörserbataillonen mitgeführt wurden. Die Zugbelastung für jedes Pferd lag bei unbeladenen Fahrzeugen bei 350 kg.

Schwerer Munitionswagen 02 (Af. 5)

Frühere Bezeichnung: Fußartillerie-Munitionswagen 02

Jahr der Einführung	1903
Besatzung	1 Fahrer
Bespannung	4 Pferde / 6 Pferde
Gewicht, leer	1350 kg
Gewicht, beladen	3350 kg
Länge	5000 mm
Breite	2000 mm
Höhe	1950 mm
Bodenfreiheit	
Spurweite	1530 mm
Raddurchmesser	1040 mm vorn, 1400 mm hinten
Radreifenbreite	120 mm
Bereifung	Eisen
Federung	

Konstruktive Details:
Zweiachsiger, nach dem Protznagelsystem gebauter Wagen, bestehend aus Vorder- und Hintergestell, Wagenkasten und zugehörigen Teilen, Zubehörkasten, Wagenkasten durch zwei Rahmen in drei Abteilungen geteilt zur Aufnahme der in Körben befindlichen Geschosse, die Kartuschen sind im durch zwei Klappen verschlossenen Sitzkasten untergebracht, Bremsspindel mit Bremsspindellager am Hintergestell, Auftritt.

Entwicklung / Einsatz / Besonderheiten:
Der Fußartillerie-Munitionswagen wurde 1903 in die leichten Munitionskolonnen der Fußartilleriebataillone des Heeres eingeführt und war für den Transport der Munition für die 15-cm-schwere Feldhaubitze sowie den 21-cm-Mörser eingeteilt. Jede Kolonne führte 24 Wagen, jeder Wagen konnte 36 15-cm-Granaten in Geschosskörben aufnehmen. Das Fahrzeug ist im Ersten Weltkrieg vierspännig, im Zweiten Weltkrieg als (Af. 5) sechsspännig gefahren worden. Die Zugbelastung für jedes Pferd lag bei etwa 560 kg. Der Wagen wurde nur noch für den Transport der Munition für die 15-cm-schwere Feldhaubitzen sowie für die schwere 10-cm-Kanonen genutzt. Im Einsatz stand er bei den 1. oder 2. Munitionsstaffeln in den IV. (schweren) Abteilungen Artillerieregimenter (bespannt). Jede Staffel besaß vier schwere Munitionswagen 02 (Af. 5).

1. Vorratswagen 96 n/A

Jahr der Einführung	1907
Besatzung	3 Mann
Bespannung	4 Pferde
Gewicht, leer	1040 kg (480 + 560 kg)
Gewicht, beladen	2125 kg (925 + 1200 kg)
Länge	3900 mm (Verlademaß)
Breite	1895 mm
Höhe	1900 mm
Bodenfreiheit	
Spurweite	
Raddurchmesser	1350 mm
Radreifenbreite:	75 mm
Bereifung	Eisen
Federung	ohne

Konstruktive Details:
Zweiteiliges, aus Vorderwagen (Protze) und Hinterwagen bestehendes Fahrzeug, Vorderwagen ist die Protze 96 n/A, die auch in Verbindung mit der Feldkanonenlafette 96 n/A und dem Munitionswagen 96 n/A verwendet wird, Hinterwagen ist ein geänderter Munitionshinterwagen 96 n/A, ohne Fußbrett und ohne Sitze für Mannschaften, Wagenkasten ist oben umgittert und kann mit einer Plane überdeckt werden, Radträger für zwei Reserveräder, Kurbelbremse hinten rechts.

Entwicklung / Einsatz / Besonderheiten:
Der Vorratswagen wurde 1907 eingeführt und diente dem Transport von Zubehör und Vorratsteilen für die 7,7-cm-leichte Feldkanone 96 n/A, von Werkzeug, einer Krankentrage und Sanitätsmaterial, von Lebensmitteln und dem Offizierskochgerät. Jede Batterie verfügte in der kleinen Bagage, auch als Gefechtsbagage bezeichnet, über einen 1. Vorratswagen 96 n/A. Er wurde von der Feldartillerie in der Reichswehr nicht übernommen. An seine Stelle trat der Vorratswagen auf der Grundlage des leichten Feldwagen (Hf. 1).

2. Vorratswagen 96 n/A

Jahr der Einführung	1907
Besatzung	3 Mann
Bespannung	6 Pferde
Gewicht, leer	
Gewicht, beladen	
Länge	
Breite	
Höhe	
Bodenfreiheit	
Spurweite	
Raddurchmesser	
Radreifenbreite	
Bereifung	Eisen
Federung	ohne

Konstruktive Details:
Zweiachsiger, nach dem verbesserten Protznagelsystem gebauter Kastenwagen, Achse und vordere Räder wie bei der Feldprotze 96 n/A, Achse des Hintergestelle wie beim Munitionswagen 96 n/A, Bremskurbel an der rechten Seite des Sitzkastens, Kastenaufbau mit Spriegel und Plane, zahlreiche Fächer für Leinen und Taue, Futter, Lebensmittel, Schlosser- und Fahnenschmiedwerkzeug, Waffenmeistergerät, Hufeisen, Beschläge, Kohle, tragbare Feldschmiede.

Entwicklung / Einsatz / Besonderheiten:
Der 2. Vorratswagen 96 n/A gehörte zur Ausstattung der Feldkanonenabteilungen der Feldartilleriebrigaden des deutschen Heeres. Jede Batterie verfügte über einen 2. Vorratswagen 96 n/A. Er zählte zusammen mit einem Lebensmittel- und einem Futterwagen zur großen Bagage. Der 1. Vorratswagen 96 n/A stand in der Gefechtsbagage. Mit der Ausrüstung der beiden Fahrzeuge wurde die Einsatzfähigkeit der Geschütze und Feldwagen in den Feldkanonenbatterien gewährleistet.

Munitionswagen n/A (Af. 3)

Jahr der Einführung	1907
Besatzung	6 Mann
Bespannung	6 Pferde
Gewicht, leer	1055 kg (480 + 575 kg)
Gewicht, beladen	2030 kg (925 + 1105 kg)
Länge	3900 mm
Breite	1895 mm
Höhe	1820 mm
Bodenfreiheit	
Spurweite	
Raddurchmesser	1350 mm
Radreifenbreite	75 mm
Bereifung	Eisen
Federung	ohne

Konstruktive Details:
Zweiteiliges, aus Vorderwagen (Protze 96 n/A) und Hinterwagen bestehendes Fahrzeug mit gefederter Protzösenverbindung, Protze wird auch mit der Feldkanonenlafette und dem 1. Vorratswagen verwendet und besteht aus Protzgestell mit Protzkasten zur Mitführung von Zubehör, Vorratssachen und Munition, Hinterwagen besteht aus Hintergestell und Hinterwagenkasten und hat ein abklappbares Unterschild und eine Bremse, Munitionswagen nimmt 52 Granatpatronen auf und bietet Sitzgelegenheiten für sechs Mann.

Entwicklung / Einsatz / Besonderheiten:
Der Munitionswagen 96 n/A löste im Jahr 1907 den Batteriemunitionswagen 96 in den Feldkanonenabteilungen der Feldartillerie ab. Batterien mit sechs 7,7-cm-Feldkanonen 96 n/A führten sechs Munitionswagen mit. Mit dem Übergang zur Gliederung mit vier Geschützen wurde auch die Zahl der Munitionsfahrzeuge verringert. Sie zählten zum Artilleriegerät und dienten der Munitionsergänzung auf dem Gefechtsfeld. In der Reichswehr und der Wehrmacht sind sie als Munitionswagen 96 n/A (Af. 3) geführt worden und blieben mit der Ende der 1920er Jahre auf das Kaliber 7,5-cm umgerohrten Feldkanonen 16 im Bestand der Feldkanonenbatterien.

Vorratswagen 98/09

Jahr der Einführung	1909
Besatzung	2 Mann
Bespannung	6 Pferde
Gewicht, leer	1340 kg
Gewicht, beladen	2974 kg
Länge	3780 mm
Breite	1900 mm
Höhe	1800 mm
Bodenfreiheit	
Spurweite	
Raddurchmesser	1350 mm
Radreifenbreite	75 mm
Bereifung	Eisen
Federung	ohne

Konstruktive Details:
Zweiachsiger Wagen mit Holzspeichenrädern, verbessertes Protznagelsystem (Unterlenker), vorn Bocksitz mit Futterkasten und Hebelbremse zur Hinterachse, im hinteren Teil eine tragbare Feldschmiede, ein Amboss 12, Werkzeuge, Ausrüstungen und Material für einen Fahnenschmied sowie Ersatzteile.

Entwicklung / Einsatz / Besonderheiten:
Der Vorratswagen 98/09 wurde im Jahr 1909 zusammen mit der 10,5-cm-leichten Feldhaubitze 98/09 bei den Feldhaubitzabteilungen der Feldartilleriebrigaden des deutschen Heeres eingeführt. Jede Batterie verfügte über ein Fahrzeug dieser Art. Mit seiner Werkstatt- und Ersatzteilausstattung konnte die Einsatzfähigkeit von Geschützen und Feldwagen in den leichten Feldhaubitzbatterien gewährleistet werden. Die Zugbelastung lag für jedes Pferd bei 495 kg.
Auf der gleichen Grundkonstruktion entstanden der Futter- und Lebensmittelwagen 98/09 und der Lebensmittelwagen 98/12.

Rohrwagen für 21-cm-Mörser

Jahr der Einführung	1910
Besatzung	2 Mann
Bespannung	6 Pferde
Gewicht, leer	1630 kg
Gewicht, beladen	4160–4250 kg
Länge	
Breite	
Höhe	
Bodenfreiheit	
Spurweite	
Raddurchmesser	
Radreifenbreite	
Bereifung	Eisen
Federung	ohne

Konstruktive Details:
Zweiachsiges, nach dem Protznagelsystem gebautes Fahrzeug, vorderes Wagengestell mit Achse, Deichselaufnahme und Protznagel, Hinterwagengestell mit Fußbrett, Bocksitz mit Seiten- und Rückenlehnen, Brücke zur Hinterachse mit Führung für die Rohrklauen des 21-cm-Mörserrohrs, Winde, auf die Räder des Hinterwagengestells wirkende Spiralbremse mit Kurbelrad auf der linken Fahrzeugseite.

Entwicklung / Einsatz / Besonderheiten:
Mit der Einführung des 21-cm-Mörsers mit Rohrrücklauf im Jahr 1910 kam der sechsspännig gezogene Rohrwagen für den 21-cm-Mörser bei den Mörserbatterien der Fußartilleriebataillone zur Einführung. Vier Rohrwagen gehörten zur Ausstattung einer Batterie.
In der Feuerstellung wurde der Rohrwagen rückwärts an die Lafette des 21-cm-Mörsers herangefahren, dabei die Hinterachse angehoben. Danach ist das 2620 kg schwere Mörserrohr auf die Lafette hinübergezogen worden. Der Rohrwagen kam in die Protzstellung. Die Zugbelastung lag für jedes Pferd bei 708 kg.

Mastfernrohrwagen

Jahr der Einführung	keine Angaben
Besatzung	4 Mann
Bespannung	4 Pferde
Gewicht, leer	
Gewicht, beladen	
Länge	
Breite	
Höhe	
Bodenfreiheit	
Spurweite	
Raddurchmesser	1224 mm
Radreifenbreite	55 mm
Bereifung	Eisen
Federung	Blatt

Konstruktive Details:
Zweiteiliges, aus Vorderwagen (Protze) und Hinterwagen (Mastwagen mit Mastfernrohr) bestehendes Fahrzeug, die mittels gefederter Protzöse verbunden sind, auf dem Vorderwagen vier Sitzplätze, das verpackte Fernrohroberteil, Spannseile, Gerät, Zubehör und Vorratssachen, Mastwagen in Arbeitsstellung mit aufgebautem Mast, Fernrohrunter- und Fernrohroberteil, durch Spannseile gesichert.

Entwicklung / Einsatz / Besonderheiten:
Der vierspännige Mastfernrohrwagen diente der Beobachtung des Gefechtsfeldes aus verdeckter Stellung aus einer Höhe bis 25 m. Seine Aufgaben übernahmen im Verlaufe des Ersten Weltkrieges Fesselballons und Beobachtungsflieger.

Protzkraftwinde, auch Dofa-Winde n/A

Jahr der Einführung	1918
Besatzung	2 Mann
Bespannung	6 Pferde
Gewicht, leer	
Gewicht, beladen	
Länge	
Breite	
Höhe	
Bodenfreiheit	
Spurweite	
Raddurchmesser	
Radreifenbreite	
Bereifung	Eisen
Federung	Blatt

Konstruktive Details:
Zweiteiliges, aus Vorderwagen (Protze) und Hinterwagen (Motor mit Winde und Seiltrommel) bestehendes Fahrzeug, Teilfahrzeuge verbunden mit gefederter Protzöse, Hinterwagen mit vier abklappbaren Stützen, Maschinenanlage in einem umlaufenden Stahlrahmen befestigt, die Anordnung ist von vorn nach hinten: Kühler, 70-PS-Motor, Winde und Seiltrommel, Seilbremse.

Entwicklung / Einsatz / Besonderheiten:
Im September 1914 erhielten die Ballonzüge die ersten 26-PS-Motorwinden. Sie waren nach dem System der Doppelfahrzeuge (Dofa) gebaut. Der Motor befand sich auf der Protze, die Seiltrommel auf dem Hinterwagen. Entsprechend der Bedeutung der Fesselballons für die Gefechtsbeobachtung und Feuerleitung der Artillerie wurde nicht nur die Technik der Fesselballons fortlaufend verbessert, auch die Zahl der Ballonzüge stieg bis zum Sommer 1918 auf 186. Der Nachbau eines im Jahr 1916 erbeuteten Ballons englischer Bauart stellte neue Anforderungen an die Leistungsfähigkeit der Ballonwinden (70 PS anstelle von 26 PS). Da sich die Lösung des zum Betrieb rückwärts zusammengekuppelten Motor- und Seiltrommelwagens nicht bewährt hatte, kehrte man zum System Dofa zurück. Die Protzkraftwinde, auch Dofa-Winde n/A, wurde bei Ballonzügen eingeführt, musste sechsspännig gefahren werden und hat sich trotz ihren hohen Gewichts gut bewährt.

Protze für 10,5-cm-leichte Feldhaubitze 18 (bespg), 10,5-cm-leichte Feldhaubitze 18 M (bespg) und 10,5-cm-leichte Feldhaubitze 18/40 (bespg)

Jahr der Einführung	1934/1935
Besatzung	6 Mann
Bespannung	6 Pferde
Gewicht, leer	670 kg (617 kg Ausführung 18/40)
Gewicht, beladen	1500 kg (1447 kg Ausführung 18/40)
Länge	3400 mm
Breite	2000 mm
Höhe	1800 mm
Bodenfreiheit	
Spurweite	
Raddurchmesser	1300 mm (Leichtmetallräder)
Radreifenbreite	100 mm
Bereifung	Eisen
Federung	Blatt, Stoßdämpfer

Konstruktive Details:
Die Kastenprotze dient der Fahrbarmachung der 10,5-cm-leichte Feldhaubitze 18 und ihrer Abarten, sie besteht aus Untergestell mit gekröpfter Achse, Protzrohr und gefederter Protzösenverbindung, Wagenkasten mit Sitzgelegenheiten für sechs Mann mit Rücken- und Seitenlehnen sowie vier Halterungen für Karabiner ausgestattet, Fußbretter, Klappstütze, Wagenkasten dient der Mitführung von Munition, Zubehör- und Vorratssachen, in das Protzrohr wird die Deichsel eingeschoben, unten Kupplungsösen für den Kraftzug (R.S.O.).

Entwicklung / Einsatz / Besonderheiten:
Die Protze gelangte mit der 10,5-cm-leichte Feldhaubitze 18 zur Einführung und besaß zunächst – wie das Geschütz – eisenbereifte Holzspeichenräder. Ab 1936 verwendete man

Leichtmetallräder, die auf dem gesamten Umfang von 12 Handlöchern durchbrochen waren. Sie wurden 1942 wieder durch Holzspeichenräder abgelöst. 1943 trat mit der Umstellung der leichten Feldhaubitzfertigung auf das Modell 18/40 die vereinfachte und leichtere Protze 18/40 an ihre Stelle. Sie fand im Rahmen der leichten Artillerieabteilungen der Infanteriedivisionen Verwendung. In den leichten Feldhaubitzbatterien zu vier Geschützen kamen vier Protzen, ab 1944 mit der Umstellung auf sechs Geschütze sechs Protzen zum Einsatz. Sie wurden mit Deichsel von sechs Pferden oder einem Raupenschlepper Ost (R.S.O.) über das Protzrohr mit Kupplungsöse gezogen. Weiterhin kam die Protze mit der 2-cm-Flugzeugabwehrkanone 38 in behelfsmäßig beweglich gemachten Fla-Kompanien zum Einsatz.

Rohrwagen (Af. 19)

für die schwere 10-cm-Kanone 18 (Bespg) und die schwere 15-cm-Feldhaubitze 18 (Bespg)

Jahr der Einführung	1935
Besatzung	6 Mann, davon 2 auf der Protze
Bespannung	6 Pferde
Gewicht, leer	1100 kg (ohne Rohr)
Gewicht, beladen	4098 kg (700 + 3398 kg) (schwere 10-cm-Kanone 18) 3908 kg (620+ 3288 kg) (schwere 15-cm Feldhaubitze 18)
Länge	11590 mm / 10460 mm
Breite	2280 mm
Höhe	2000 mm
Bodenfreiheit	380 mm (Protze) 390 mm (Rohrkarren)
Spurweite	1750 mm
Raddurchmesser	1300 mm
Radreifenbreite	200 mm
Bereifung	Stahlräder
Federung	ohne

Konstruktive Details:
Zweiteiliges, aus Rohrkarren und Protze bestehendes Fahrzeug zum Transport des 1760–1774 kg schweren Rohres der schweren 10-cm-Kanone 18 oder der schweren 15-cm-Feldhaubitze 18, gelochte Stahlscheibenräder unterschiedlicher Größe, Protze mit Platz für Kanoniere 3 und 4, Rohrkarren für Kanoniere 5 bis 8, Lafette und Rohrkarren werden auf je einer Pferdezugprotze mit Kettenwinde aufgeprotzt, als Fahrbremse dient eine in beide Richtungen wirkende Innenbackenbremse.

Entwicklung / Einsatz / Besonderheiten:
Mitte der 1930er Jahre wurden die schwere 10-cm-Kanone 18 und die schwere 15-cm-Feldhaubitze 18 bei den Artillerieregimentern eingeführt. Gehörten diese Regimenter zum Bestand nichtmotorisierter Infanteriedivisionen, war für diese schweren Geschütze die Bewegungsart Pferdezug vorgesehen. Lafette und Rohr zog man normalerweise mit je sechs schweren Heerespferden getrennt als Lafettenfahrzeug und als Rohrfahrzeug. Um das Rohr überziehen zu können, musste nach Anbringen der Auffahrschienen von hinten her auf die Lafette aufgefahren werden. Das Rohr wurde mit einer Seilwinde oder mit Handhabungstauen von den Kanonieren auf den Rohrwagen oder die Lafette gezogen. Jede Kanonen- oder schwere Feldhaubitzbatterie verfügte über vier Rohrwagen (Af. 19). Für jedes Pferd ergab sich eine Zuglast von 699 bzw. 683 kg.

Beobachtungs-wagen (Af. 12)

Jahr der Einführung	1935/1936
Besatzung	6–7 Mann
Bespannung	6 Pferde
Gewicht, leer	1550 kg (775 + 775 kg)
Gewicht, beladen	3140 kg, 3635 kg (1695 + 1840 kg)*
Länge	8530 mm (5500 mm Verlademaß)
Breite	2000 mm
Höhe	1860 mm
Bodenfreiheit	450 mm
Spurweite	
Raddurchmesser	1224 mm
Radreifenbreite	55 mm
Bereifung	Eisen
Federung	Blatt

Konstruktive Details:
Zweiteiliger, aus zwei über Protzarm und gefederte Protzöse verbundenen Artillerieteilfahrzeugen (Af. 12) zusammengesetzter Wagen, Unterbau mit gekröpfter Achse, Oberbau mit mehrfach unterteiltem Wagenkasten, Auftritten nach vorn und hinten, seitlichen Armlehnen und als Rückenlehne nutzbarem Behälter zur Aufnahme von Beobachtungs-, Mess-, Fernsprech- und Tornisterfunkgerät.

Entwicklung / Einsatz / Besonderheiten:
Der Beobachtungswagen (Af. 12) gehörte zum Artilleriegerät. Er wurde in den Nachrichtenstaffeln bespannter Haubitz- und Kanonenbatterien, in den Nachrichtenzügen der Stäbe bespannter leichter und schwerer Artillerieabteilungen, sowie in den Nachrichtenzügen der Stäbe von Artillerieregimentern (bespannt) eingesetzt. Er diente dem Transport der für den Einsatz der Artillerie benötigten Beobachtungs-, Fernsprech-, Funk- sowie Leucht- und Signalmittel (einschließlich der Tuchzeichen zur Signalgobung).
Der Nachrichtenzug einer Artillerieabteilung verfügte über vier bespannte Fahrzeuge: einen Beobachtungswagen (Af. 12) und drei Nachrichtenfahrzeuge (Nf. 1), (Nf. 2) und (Nf. 4).

* verschiedene Angaben.

Handkarren für den 10-cm-Nebelwerfer (Nbf. 2)

Jahr der Einführung	1939
Besatzung	-
Bespannung	ohne, Mannschaftszug
Gewicht, leer	65,5 kg
Gewicht, beladen	180–230 kg
Länge	1715 mm (mit Deichsel, unbeladen) 2045 mm (mit Deichsel, beladen)
Breite	1130 mm
Höhe	695 mm
Bodenfreiheit	
Spurweite	1000 mm
Raddurchmesser	670 mm
Radreifenbreite	65 mm
Bereifung	Gummi
Federung	ohne

Konstruktive Details:
Einachsiges Fahrzeug mit Stahlfelgenrädern mit Stahldrahtspeichern und Druckluftgummibereifung, fahrbar im Kraftzug oder im Mannschaftszug mit Deichsel, Hauptteile sind das Fahrgestell mit dem Lager für Rohr, Zweibein und Bodenplatte des 10-cm-Nebelwerfers 35 oder 16 10-cm-Wurfgranaten.

Entwicklung / Einsatz / Besonderheiten:
Eingesetzt wurde der Handkarren in den Nebelwerferbatterien (mot) und ab 1942 in den Gebirgsnebelwerferbatterien zum Verladen des 10-cm-Nebelwerfers 35 bzw. seiner Munition. Zum Festlegen des Werfers dienten Beschläge, nach Umklappen der Lager konnte Munition verladen und mit Gurten gesichert werden. Der Handkarren war über kurze Strecken für den Mannschaftszug geeignet. Im Kraftzug konnte er nur auf glatten Straßen und nur mit mäßiger Geschwindigkeit bewegt werden. Bei längeren Märschen wurden die Karren mit den Werfern bzw. der Munition auf Kraftfahrzeuge verladen.

Verbandsmittelwagen C/1863

Jahr der Einführung	1863
Besatzung	2 Mann
Bespannung	2 Pferde
Gewicht, leer	890 kg
Gewicht, beladen	1400 kg
Länge	
Breite	
Höhe	
Bodenfreiheit	
Spurweite	
Raddurchmesser	
Radreifenbreite	
Bereifung	Eisen
Federung	Blatt, längs und quer

Konstruktive Details:
Zweiachsiger Wagen mit Holzspeichenrädern unterschiedlicher Größe, verbessertes Protznagelsystem, Bocksitz über dem Futterkasten mit Spindelbremse zur Hinterachse, nach hinten überstehendes Dach, im Heck zweiteilige Tür, zahlreiche Fächer zur Aufnahme von Verbandsmitteln und anderem Sanitätsmaterial.

Entwicklung / Einsatz / Besonderheiten:
Der Verbandsmittelwagen C/1863 fand in den Sanitätskompanien und den Feldlazaretten zum Transport von chirurgischen Instrumenten, Schienen, Verbandsmitteln und Medikamenten Verwendung. Er wurde später mit den Rädern neuer Konstruktion des leichten Proviantwagens C/1895 ausgestattet. Ähnlich aufgebaut war der Sanitätswagen C/1867 für Sanitätskompanien und Feldlazarette.

Krankenwagen C/1887

Jahr der Einführung	1887
Besatzung	2 Mann
Bespannung	2 Pferde
Gewicht, leer	755 kg
Gewicht, beladen	1260 kg
Länge	3305 mm (nur Wagenkasten) 5975 mm (mit Deichsel)
Breite:	1350 mm (nur Wagenkasten)
Höhe	zirka 1850 mm
Bodenfreiheit	zirka 400 mm
Spurweite	1530 mm
Raddurchmesser	1014 mm (Hinterräder)
Radreifenbreite	75 mm
Bereifung	Eisen
Federung	Blatt, längs, vorn quer

Konstruktive Details:
Zweiachsiger Wagen mit Holzspeichenrädern unterschiedlicher Größe, verbessertes Protznagelsystem, Bocksitz mit Spindelbremse zur Hinterachse, eingerichtet zur Aufnahme von vier Krankentragen, Vorhänge aus wetterfestem textilen Material zum Schutz vor der Witterung, unter dem Wagenkasten Aufhängung für zwei Trinkwasserfässer.

Entwicklung / Einsatz / Besonderheiten:
Der Krankenwagen C/1874 wurde als verbesserte Ausführung des Modells C/1872 in die Sanitätskompanien des deutschen Heeres übernommen. Zu einer Kompanie gehörten acht Krankenwagen dieses Typs, der auch in den Feldlazaretten sowie den Sanitätskolonnen des Roten Kreuzes Verwendung gefunden hat.
Mit dem Krankenwagen C/1874 konnten zwei liegende und drei sitzende Kranke transportiert werden. Zur Ausrüstung gehörten sieben Krankentragen.

Krankenwagen 95

Jahr der Einführung	1895
Besatzung	2 Mann
Bespannung	2 Pferde
Gewicht, leer	715 kg
Gewicht, beladen	1355 kg
Länge	6700 mm (über Deichsel)
Breite	1700 mm
Höhe	2240 mm
Bodenfreiheit	zirka 600 mm
Spurweite	1530 mm
Raddurchmesser	1040 mm vorn, 1224 mm hinten
Radreifenbreite	55 mm
Bereifung	Eisen
Federung	Blatt

Konstruktive Details:
Zweiachsiges, nach dem Protznagelsystem (Unterlenker mit einem Lenkungswinkel von 100°) gebautes Fahrzeug, Vorderwagengestell mit Achse und Deichselaufnahme, Hinterwagengestell mit Fußbrett, Sitz für Fahrer und Sanitätsunteroffizier mit Seiten- und Rückenlehnen, Spindelbremse zur Hinterachse auf der rechten Seite, überdachte Aufnahme für sechs Krankentragen, wetterfeste textile Vorhänge, unter dem Wagenkasten Aufhängung für zwei Wasserfässer.

Entwicklung / Einsatz / Besonderheiten:
Der zweispännige Krankenwagen trat 1895 an die Stelle der ebenfalls zweispännig gefahrenen Krankenwagen C/1874 und C/1887. Eine Sanitätskompanie verfügte über acht Fahrzeuge dieses Typs, die zusammen mit je einem Sanitäts- und einem Packwagen in den beiden Zügen dieser Einheit standen. Es konnten vier liegende oder acht sitzende Kranke auf einem Wagen untergebracht werden.

Sanitätswagen 1895

Jahr der Einführung	1895
Besatzung	1 Mann
Bespannung	2 Pferde
Gewicht, leer	800–821 kg
Gewicht, beladen	1309 kg
Länge	
Breite	
Höhe	
Bodenfreiheit	
Spurweite	
Raddurchmesser	1224 mm
Radreifenbreite	55 mm
Bereifung	Eisen
Federung	Blatt-, längs (4), quer (1)

Konstruktive Details:
Zweiachsiges, nach dem Protznagelsystem gebautes Fahrzeug, bestehend aus Vorder- und Hinterwagengestell, Vorderwagen mit gussstählerner Achse (wie Krankenwagen 95), Deichselaufnahme und Protznagel, Wagenkasten mit Eisenblech beschlagenen Decke und überstehendem Schutzdach, vorn Protzkasten mit Sitz und Kurbel für die Spindelbremse auf der rechten Seite, Wagenkasten mit zweiflügliger Tür und zahlreichen Fächern zur Aufnahme von Arzneigefäßen, Verbands- und Lebensmitteln.

Entwicklung / Einsatz / Besonderheiten:
Der Sanitätswagen wurde 1895 eingeführt. In jeder Sanitätskompanie gab es zwei Fahrzeuge dieser Bauart, die für den Transport von Medikamenten, Verbands- und Lebensmitteln zuständig waren. Zunächst kam der Sanitätswagen 1895 mit den Rädern des zweispännigen Kompanie-Patronenwagen 97 zur Auslieferung. Sie wurden später durch die Stahlnabenräder des Proviantwagen 95 n/K ersetzt. Ab 1903 ersetzte man die Ortsscheite mit Ortscheitbügel und Drehbolzen durch eine solche, die mit Ringen befestigt waren.

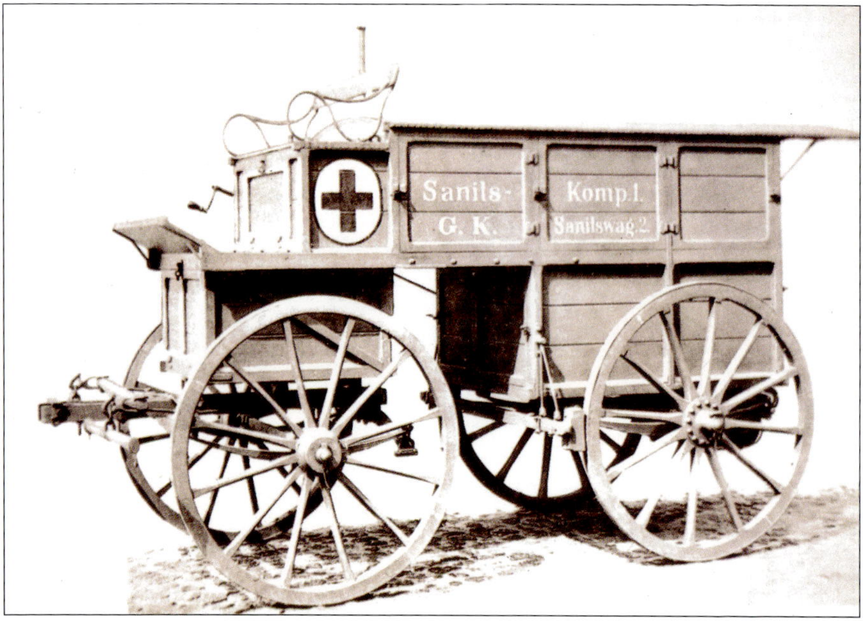

Feldröntgen-wagen

Jahr der Einführung	1907
Besatzung	2 Mann
Bespannung	4 Pferde
Gewicht, leer	935 kg (765 kg ohne Ausrüstung)
Gewicht, beladen	1680 kg
Länge	
Breite	
Höhe	
Bodenfreiheit	
Spurweite	
Raddurchmesser	1040 mm vorn, 1224 mm hinten
Radreifenbreite	
Bereifung	Eisen
Federung	Blatt

Konstruktive Details:
Zweiachsiges Fahrzeug, Vorder- und Hinterwagengestell sind mittels Protznagel verbunden (Unterlenker mit einem Lenkungswinkel von 100°), Vorderwagengestell mit Achse, zwei Längs- und einer Querfeder sowie der Deichselaufnahme, Hinterwagen mit Bocksitz (Bremskurbel auf der rechten Seite), Hinterwagenkasten mit Mittelteil (mit seitlich aufklappbaren Wänden) für Röntgengerät und Hinterteil mit komplett abnehmbarem Kastengehäuse, darin 4-Takt-Ottomotor, Generator, Kraftstofftank, Plattenkästen, Schürzen, Handschuhe, Bleiglasbrillen und andere Sanitätsausrüstung.

Entwicklung / Einsatz / Besonderheiten:
Um die Röntgentechnik im Krieg im Interesse der Verwundeten zu einem möglichst frühen Zeitpunkt einsetzen zu können, musste sie transportabel im frontnahen Raum eingesetzt werden. So konnte sich das medizinische Personal ein klares Bild von Schwere und Ausdehnung der Verwundung machen, ohne die Verletzten zusätzlichen Belastungen auszusetzen.

Aus diesen Forderungen entstand der Feldröntgenwagen. Das erste Fahrzeug ist im April 1905 geliefert worden. Die Erprobung, insbesondere die Fahrversuche, zogen sich bis 1907 hin. Am 1. April des Jahres erfolgte die offizielle Einführung. Der Feldröntgenwagen war mit einer eigenen Stromversorgung (110 Volt) ausgestattet und gehörte in geringer Zahl zur Ausstattung der Feldlazarette sowie der Etappen-Sanitätsdepots. Da der Betrieb des zur Stromversorgung benötigten 4-Takt-Ottomotors trotz Schalldämpfung mit lästiger Geräuschentwicklung verbunden war, gehörte zur Ausrüstung ein 30 m langes Kabel. Damit konnte der Wagen abseits der Krankenräume abgestellt werden. Seine Aufgaben übernahm während des Ersten Weltkrieges der Feldröntgen-Kraftwagen.

Die Zugbelastung für jedes Pferd der Bespannung lag bei 443 kg.

Fahrbarer Trinkwasserbereiter

Konstruktive Details:
Zweiachsiges Fahrzeug, bestehend aus Vorder- und Hinterwagengestell, Vorderwagen mit Achse, Federung und Protznagel, Hinterwagen mit Achse und Federung, Bocksitz, Fußtritten, Bremskurbel auf der rechten Seite, an der Rückseite des Wagenkastens Schoßkelle für Brennmaterial, Wasserbereitungsanlage in Tragbäumen aus vorn gebogenem U-Profileisen, mit Vorfilter, Dampfpumpe, Kühler, Sterilisationskessel hinten rechts, der mit Holz und Kohle beheizt werden kann, 50-Liter-Reinwasser-Sammelbecken.

Entwicklung / Einsatz / Besonderheiten:
Die erste Anregung, für die Wasserversorgung der Truppe fahrbare Apparate zu bauen, kamen 1899 vom Kriegsministerium. Sie sollten einem kompletten Bataillon gereinigtes und keimfreies Wasser liefern können und wurden während der jährlichen Manöver erprobt. Die ersten Versuche verliefen wenig erfolgreich; Fahrzeug und Apparatur mussten laufend verbessert werden. Erst mit dem 1910 gebauten Trinkwasserbereiter ist ein brauchbares Gerät entstanden, dessen Dampfpumpe bis zu 750 Liter Wasser aus einer Wasserquelle ansaugen konnte. Der eigentliche Sterilisationskessel arbeitete bei einer Temperatur von 100–105°. Die fahrbare Trinkwasser-Aufbereitungsanlage gehörte zur Ausstattung der Feldlazarette und der Etappen-Sanitätsdepots.

Jahr der Einführung	1910
Besatzung	2 Mann
Bespannung	2 Pferde
Gewicht, leer	
Gewicht, beladen	1332 kg
Länge	
Breite	
Höhe	
Bodenfreiheit	
Spurweite	
Raddurchmesser	
Radreifenbreite	
Bereifung	Eisen
Federung	Blatt

Krankenwagen (Sf. 1)

Jahr der Einführung	1938
Besatzung	2 Mann
Bespannung	2 Pferde
Gewicht, leer	715 kg
Gewicht, beladen	1017 kg
Länge	3900 mm
Breite	1850 mm
Höhe	1650 mm
Bodenfreiheit	600 mm
Spurweite	1580 mm
Raddurchmesser	835 mm
Radreifenbreite	156 mm
Bereifung	Gummi, Bereifung 6.00-20 Kr. 4685
Federung	Schwingachsen

Konstruktive Details:
Ganzstahlfahrzeug, gebaut nach dem Protznagelsystem, mit an Schwingachsen aufgehängten gummibereiften Stahlscheibenrädern, Aufbau als Rahmen mit Dach zur Aufnahme von vier Krankentragen, in der Mitte des Aufbaues Ofen, zur Ausrüstung gehört ein Wasserfass für Trinkwasser.

Entwicklung / Einsatz / Besonderheiten:
Der Krankenwagen (Sf. 1) ist das Vorgängermodell des Krankenwagen (Sf. 2), der im Einsatz verschiedene Mängel gezeigt hatte, weshalb die Fertigung zu Beginn des Zweiten Weltkrieges eingestellt worden war. Eingesetzt wurde der Krankenwagen (Sf. 1) in Sanitätskompanien zu je vier Fahrzeugen und in Infanterieeinheiten.

Krankenwagen (Sf. 2)

Jahr der Einführung	1939
Besatzung	2 Mann
Bespannung	2 Pferde
Gewicht, leer	980 kg
Gewicht, beladen	1760 kg
Länge	4290 kg (ohne Deichsel)
Breite	1850 mm
Höhe	2350 mm
Bodenfreiheit	600 mm
Spurweite	1580 mm
Raddurchmesser	835 mm
Radreifenbreite	156 mm
Bereifung	Gummi, Bereifung 6.00-20 Kr. 4685
Federung	Drehstab

Konstruktive Details:
Ganzstahlfahrzeug nach dem Protznagelsystem mit an Schwingachsen aufgehängten gummibereiften Stahlscheibenrädern, Aufbau aus Leichtmetall mit vier Fenstern und einer zweiteiligen Tür im Heck, Innenraum mit Schienen für vier Krankentragen ausgestattet. Zur Ausrüstung gehören ein Wasserfass für Trinkwasser und ein Ofen. Mit einer speziellen Deichsel konnte der Krankenwagen auch von einem Lkw gezogen werden.

Entwicklung / Einsatz / Besonderheiten:
Krankenwagen dieser Bauart kamen zu Beginn der Zweiten Weltkrieges in die pferdebespannten Sanitätskompanien des Heeres. Sie lösten dort ältere Krankenwagen ab, darunter das Vorgängermodell, den Krankenwagen (Sf. 1). Eine Sanitätskompanie b verfügte 1939/40 über vier Krankenwagen (Sf. 2). Gleichzeitig konnten in einem Fahrzeug vier liegende oder zwei liegende und vier sitzende oder acht sitzende Kranke aufgenommen werden. Als Hersteller der Krankenwagen (Sf. 2) trat u.a. Klöckner-Humboldt-Deutz, Werk Berlin, in Erscheinung.

Krankentragen-schlittengerät

Jahr der Einführung	keine Angaben
Besatzung	-
Bespannung	ohne, 2 Mann im Mannschaftszug, in Ausnahmefällen bis zu 6 Krankentragenschlittengeräte hinter einem Pferd
Gewicht, leer	10 kg
Gewicht, beladen	zirka 90 kg
Länge	
Breite	
Höhe	
Bodenfreiheit	
Spurweite	
Kufenauflage	
Kufenbreite	

Konstruktive Details:
Konstruktion, bestehend aus einem Paar Skier, einer Krankentrage, zwei Querstangen, vier Verbindungsstücken, vier Lederriemen, vier Ansatzstücken, vier Lenkstützen zur Verbindung von Krankentrage und Skiern sowie zur Befestigung von je zwei Lenkstützen am vorderen und hinteren Ende der Krankentrage, Mannschaftszug durch zwei Mann mit y-förmigem Zugstrick möglich.

Entwicklung / Einsatz / Besonderheiten:
Das Skischlittengerät fand in speziell für den Gebirgs- und Winterkrieg ausgerüsteten Einheiten des Heeres bei der Bergung und dem Abtransport Verwundeter Verwendung. Eine Person konnte liegend transportiert werden. Mit den vorn und hinten befestigten Lenkstützen war im hügeligen Gelände ein gutes Lenken und Bremsen des Krankentrageschlitten möglich. Auf ebenen, festen Wegen ließen sich bis zu sechs Krankentrageschlittengeräte von einem Pferd ziehen. Dabei musste man einen Helfer zum Lenken und Bremsen am letzten Schlitten einteilen.

Materialien-wagen C/1876

Abgeändert 1887 für Belagerungs-Telegrafen-Abteilungen

Jahr der Einführung	1887
Besatzung	6 Mann
Bespannung	4 Pferde
Gewicht, leer	
Gewicht, beladen	
Länge	3898 mm
Breite	1890 mm
Höhe	1950 mm
Bodenfreiheit	
Spurweite	1600 mm
Raddurchmesser	
Radreifenbreite	
Bereifung	Eisen
Federung	Blatt

Konstruktive Details:
Zweiachsiges, nach dem verbesserten Protznagelsystem gebautes Fahrzeug mit eisenbereiften Rädern unterschiedlicher Größe, auf dem Vorderwagen Platz für den Fahrer und vier Bänke für Soldaten der Telegrafentruppe, mit Plane abgedeckter Wagenkasten zur Aufnahme der Materialien, hinten zweiteilige Tür, Fahrbremse am Hinterwagen.

Entwicklung / Einsatz / Besonderheiten:
Die Materialienwagen C/1876 sind im Jahr 1887 geringfügig verändert worden, um in Belagerungs-Telegrafen-Abteilungen Verwendung finden zu können. Eine solche Abteilung gliederte sich in eine Telegrafenkompanie zu je vier Zügen und eine Trainkolonne, in welcher der Materialienwagen für den Transport von Baumaterial, Telegrafenmasten, Feldkabel, Werkzeug und Zubehör benutzt wurde. Zwölf Fahrzeuge sind nach erheblichen Umbauten in den Etappen-Telegrafen-Direktionen eingestellt worden.

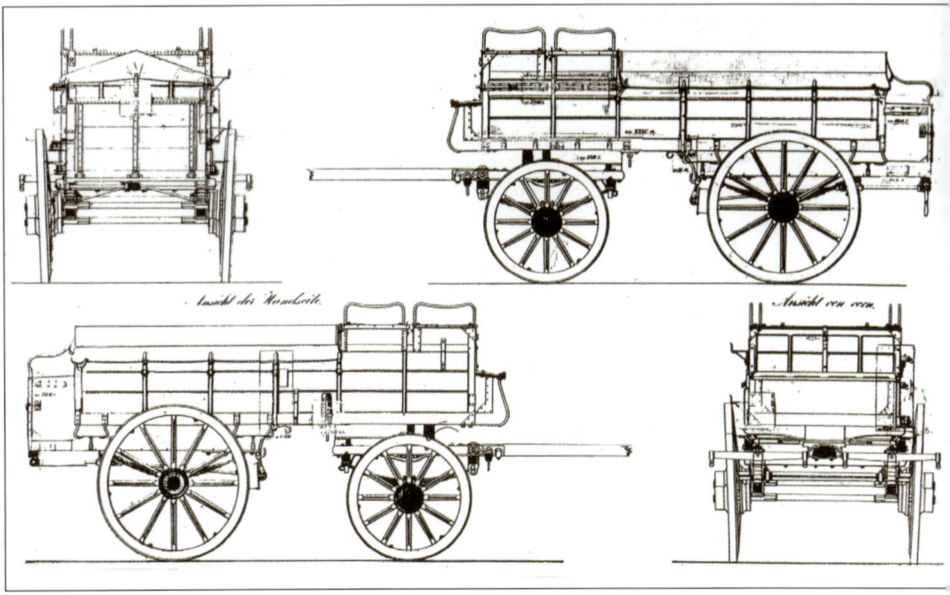

Fernsprech-Bauwagen 13

Jahr der Einführung	1913
Besatzung	6 Mann
Bespannung	4 Pferde
Gewicht, leer	890 kg
Gewicht, beladen	1890 kg
Länge	5037 mm
Breite	1680 mm
Höhe	1629 mm
Bodenfreiheit	
Spurweite	1530 mm
Raddurchmesser	
Radreifenbreite	
Bereifung	Eisen
Federung	

Konstruktive Details:
Zweiteiliges Fahrzeug, bestehend aus Vorderwagen (Protze) und Hinterwagen, gefederte Protzösenverbindung, Wagenkasten des Vorderwagens aus Holz, Bremse links, Sitzgelegenheit mit Seiten- und Rückenlehnen, Korbgitter, Kasten des Hinterwagens ebenfalls aus Holz, Fächer und Halterungen für Feldkabel, Feldkabelstangen und Vorratssachen, Werkzeuge, Anhängevorrichtung für Fernsprech-Bauhandkarren.

Entwicklung / Einsatz / Besonderheiten:
Der Fernsprech-Bauwagen kam im Jahr 1913 bei den Fernsprechzügen der Fernsprechabteilungen bei den Gruppen- oder Generalkommandos, den Divisionsfernsprechabteilungen, den Stäben der Feld- und Fußartilleriebataillone und -regimenter sowie in den Ballonzügen der Feldluftschifferabteilungen zum Einsatz.
Er diente dem Transport von Fernsprech-Baumaterial und Werkzeug für den Aufbau und Unterhalt von Fernsprechverbindungen. Das Fahrzeug blieb bis Anfang der 1930er Jahre bei der Fernsprechtruppe im Einsatz und wurde dann durch ein ähnliches Fahrzeug mit einem Wagenkasten aus Stahlblech abgelöst.

Leichter Fernsprechwagen (Nf. 2)

Jahr der Einführung	1929/1930
Besatzung	4 Mann
Bespannung	2 Pferde / 4 Pferde / 6 Pferde
Gewicht, leer	740 kg (340 + 400 kg)
Gewicht, beladen	1320–1340 kg (570 + 750 kg)
Länge	3500 mm
Breite	1820 mm
Höhe	1740 mm
Bodenfreiheit	400 mm
Spurweite	1520 mm
Raddurchmesser	1224 mm
Radreifenbreite	55 mm
Bereifung	Eisen
Federung	Blatt

Konstruktive Details:
Zweiteiliges, aus Vorderwagen (Protze) und Hinterwagen bestehendes Fahrzeug mit gefederter Protzösenverbindung, in den Wagenkästen beider Teilfahrzeuge Baugerät, 7000 m schweres und 4000 m leichtes Feldkabel, zwei Rückentragen, zwei Drahtgabeln und anderes Bau- und Fernsprechgerät, kleiner Klappenschrank, vier Feldfern- und ein Brustfernsprecher.

Entwicklung / Einsatz / Besonderheiten:
Die ersten leichten Fernsprechwagen wurden nach dreijähriger Truppenerprobung im Frühjahr 1929 an die Nachrichteneinheiten des Heeres ausgeliefert. Neben der Vereinheitlichung mit Teilen aus der Feldwagenfertigung erhielt das Fahrzeug anstelle des unzweckmäßigen Holzaufbaues einen Aufbau aus Stahlblech mit Gummidichtungen.
Die Bespannung war je nach Verwendungsart und Waffengattung verschieden, sie konnte aus zwei, vier oder sechs Pferden bestehen.
Die Ausstattung mit Gerät-, Fernsprech- und Baumaterial versetzte den leichten Fernsprechtrupp in die Lage, eine mehrere Kilometer weit reichende, abhörsichere Fernsprechverbindung aufzubauen.
Der leichte Fernsprechwagen gehörte zur Ausstattung der leichten Fernsprechtrupps in Infanterie-, Kavallerie-, Artillerie-, Pionier- und Nachrichteneinheiten.

Leichter Funkwagen (Nf. 3) (mit 100-Watt-Gerät)

Jahr der Einführung	1932
Besatzung	4 Mann
Bespannung	6 Pferde (Kavallerie) 4 Pferde (Nachrichtentruppe)
Gewicht, leer	1050 kg (490 + 560 kg)
Gewicht, beladen	1650 kg (800 + 850 kg) 2400 kg maximal
Länge	4870 mm
Breite	1840 mm
Höhe	1855 mm
Bodenfreiheit	430 mm
Spurweite	1520 mm
Raddurchmesser	1224 mm
Radreifenbreite	55 mm
Bereifung	Eisen
Federung	Blatt

Konstruktive Details:
Zweiteiliges, aus Vorderwagen (Protze) und Hinterwagen bestehendes Fahrzeug mit gefederter Protzösenverbindung, im Wagenkasten des Vorderwagens vier Feldstühle, ein Fernsprechtornister, Laternen, Kabel, zwei Tornisterempfänger, ein Feldfernsprecher, ein Transportkasten Fu 5 und ein 100-Watt-Sender, auf dem Hinterwagen Kurbelmast 17 m (später 16,5 m), zwei Kleinmaschinensätze, acht Kabeltrommeln, Erdpfähle und -stecker, Beleuchtungskästen u.a.

Entwicklung / Einsatz / Besonderheiten:
Der leichte Funkwagen (Nf. 3) gehörte zur Ausstattung der Nachrichtentruppe und der Kavallerie. Die leichten Funktrupps verfügten über je einen Funkwagen mit dieser Ausrüstung. Im Sendebetrieb wurde der Kurbelmast ausgefahren und mit Erdpfählen verspannt.

Kleinfunkwagen (Nf. 4)

Jahr der Einführung	1934
Besatzung	4 Mann
Bespannung	4 Pferde
Gewicht, leer	800 kg (400 + 400 kg)
Gewicht, beladen	1300 kg (600 + 700 kg)
	1900 kg maximal
Länge	4460 mm
Breite	1820 mm
Höhe	1740 mm
Bodenfreiheit	400 mm
Spurweite	1520 mm
Raddurchmesser	1224 mm
Radreifenbreite	55 mm
Bereifung	Eisen
Federung	Blatt

Konstruktive Details:
Zweiteiliges, aus Vorderwagen (Protze) und Hinterwagen bestehendes Fahrzeug mit gefederter Protzösenverbindung, im Wagenkasten des Vorderwagens u.a. Zubehör und Vorratssachen, zwei Feldstühle, eine Tretmaschine T.M. 5a, ein Tretgestell, Zeltbahnen, Laternen, Kabeltrommeln, ein Tornisterempfänger b und ein 5-Watt-Sender, auf dem Hinterwagen Chiffriermaschine, Transportkästen und Lademaschinensatz c.

Entwicklung / Einsatz / Besonderheiten:
Der Kleinfunkwagen (Nf. 4) gehörte zur Ausstattung der bespannten kleinen Funktrupps b und war bei allen Waffengattungen des Heeres anzutreffen.
Während der Nutzung wurden Tornister-Empfänger älterer Bauart durch den Tornister-Empfänger b ersetzt. Im Kriegsverlauf trat der Infanteriekarren (If. 8) an die Stelle des Kleinfunkwagen (Nf. 4).

Infanterie-Nachrichtenwagen (Nf. 7)

Jahr der Einführung	1934/1935
Besatzung	6 Mann
Bespannung	2 Pferde / 4 Pferde
Gewicht, leer	740 kg (340 + 400 kg)
Gewicht, beladen	1320 kg (570 + 750 kg)
Länge	3500 mm
Breite	1820 mm
Höhe	1740 mm
Bodenfreiheit	400 mm
Spurweite	1520 mm
Raddurchmesser	1224 mm
Radreifenbreite	55 mm
Bereifung	Eisen
Federung	Blatt

Konstruktive Details:
Zweiteiliges, aus Vorderwagen (Protze) und Hinterwagen bestehendes Fahrzeug mit gefederter Protzösenverbindung, im Wagenkasten des Vorderwagens Vorrats- und Zubehörsachen und neun Feldfernsprechgeräte 33, im Hinterwagen 3000 m schweres Feldfernkabel, das Gerät für vier Fernsprechanschlusstrupps und entsprechendes Bauzubehör, im zerlegten Zustand wird ein Nachrichtengerätekarren mitgeführt.

Entwicklung / Einsatz / Besonderheiten:
Der Infanterie-Nachrichtenwagen (Nf. 7) ähnelt dem leichten Fernsprechwagen für die leichten Fernsprechtrupps, hat aber eine andere Inneneinrichtung.
Auf ihm ist das Hauptgerät für die Fernsprechverbindungen der Nachrichtenstaffeln, u.a. das Gerät zum Einrichten einer Fernsprechvermittlung, der Infanteriebataillone des Heeres untergebracht.

d1
d3

Festungs-kabellötkarren

Jahr der Einführung	1939
Besatzung	-
Bespannung	ohne, 2 Mann im Mannschaftszug
Gewicht, leer	
Gewicht, beladen	
Länge	
Breite	
Höhe	
Bodenfreiheit	
Spurweite	
Raddurchmesser	
Radreifenbreite	
Bereifung	Gummi
Federung	ohne

Konstruktive Details:
Der Karren besteht aus dem Fahrgestell, den beiden Stahlspeichenrädern, dem Aufbau und der Handdeichsel mit klappbarer Stütze, im hinteren Teil befindet sich eine weitere Stütze, der kastenartige Aufbau lässt sich über den geteilten Deckel vorn und hinten aufklappen, dabei erfüllen Vorder- und Hinterteil gleichzeitig die Aufgabe eines Regenschutzes für die im Inneren des in zahlreiche Fächer unterteilten Aufbaus untergebrachten Löt-, Schalt-, und Werkzeugausrüstungen.

Entwicklung / Einsatz / Besonderheiten:
Der Festungskabellötkarren wurde 1939 eingeführt. Er zählte zu den Armierungsbeständen in der Zuständigkeit der Festungspionierstäbe in den Festungsinspektionen des Heeres. Die auf dem Fahrzeug verlastete Löt-, Schalt- und Werkzeugausrüstung gehörte zum Nachrichtengerätesatz StFE 5 für Kabelschalttrupps sowie zum Nachrichtengerätesatz StFE 6.
Der Karren fand Verwendung beim Ausbau und bei der Instandhaltung der Kabelnetze und Schaltstellen von Landesbefestigungen. Zur Ausstattung eines Kabelschalttrupps gehörten sechs Festungskabellötkarren.
Im Allgemeinen wurde der Karren im Gelände von zwei Mann gezogen. Kraftzug war möglich, auf festen Straßen mit einer Geschwindigkeit von 40 km/h, auf Feldwegen und im flachen Gelände bis 20 km/h. bei längeren Märschen waren Festungskabellötkarren auf Lastkraftwagen zu verladen.

Instand-setzungskarre

Jahr der Einführung	1943
Besatzung	-
Bespannung	ohne, 4 Mann im Mannschaftszug
Gewicht, leer	135 kg
Gewicht, beladen	
Länge	3180 mm
Breite	1300 mm
Höhe	1800 mm (mit Leiter)
Bodenfreiheit	450 mm
Spurweite	
Raddurchmesser	900 mm
Radreifenbreite	
Bereifung	Eisen
Federung	ohne

Konstruktive Details:
Als Fahrgestell wurden Achsen, Räder, Federn und die Zugstange des tschechischen Gebirgskarrens (t) verwendet, einachsiges Fahrzeug mit zwei verschiebbaren Stützen aus Hartholz und Kastenaufbau aus Kiefernholz und einer mit Bolzenschrauben fest verbundenen Auflage für mehrere Holzleitern, Aufbau mit zahlreichen Fächern zur Aufnahme von Schutzbrillen, Werkzeugen, Gurten und Bindesträngen, Sandsäcken, Taschenlampen und einem Luftschutz-Verbandskasten.

Entwicklung / Einsatz / Besonderheiten:
Der Instandsetzungskarren entstand 1943 unter Verwendung ausgesonderter tschechischer Gebirgskarren M. 15 (t). Das für den Mannschaftszug eingerichtete Kastenfahrzeug fand im Luftschutzdienst sowie in den Anlagen und Einrichtungen des Heeres Verwendung. Mit seiner Hilfe sollten bei Luftangriffen entstandene kleinere Schäden behoben werden.

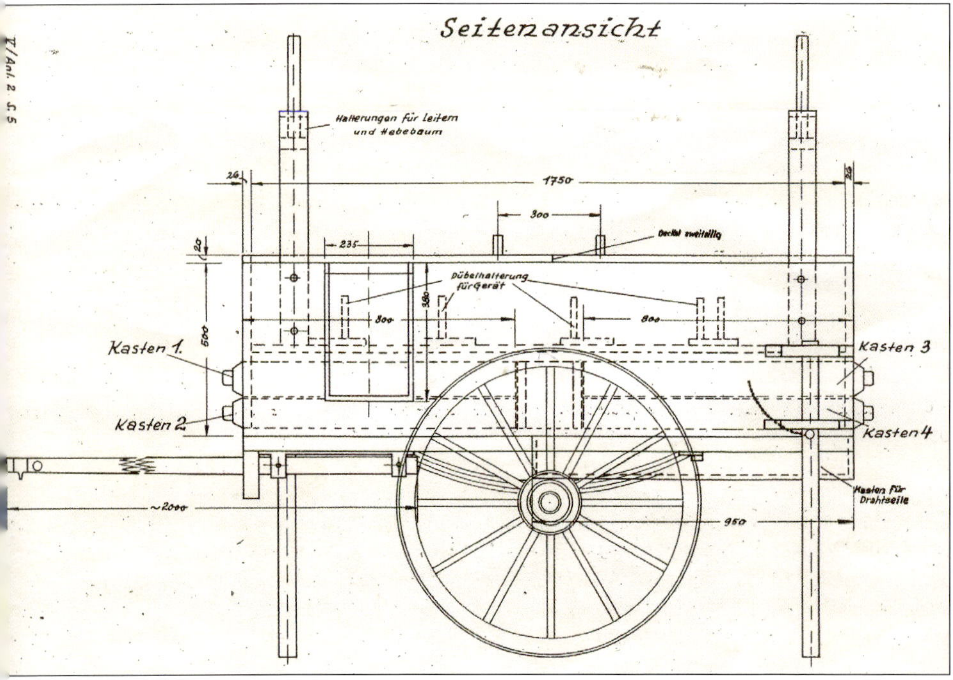
V/Anl. 2 S. 5
Seitenansicht
Halterungen für Leitern
und Hebebaum
26
1750
26
300
Deckel zweiteilig
20
235
Dübelhalterung
für Gerät
380
800
800
500
Kasten 1.
Kasten 2
Kasten 3
Kasten 4
Kasten für
Drahtseile
~2000
950

Löschkarre

Jahr der Einführung	1943
Besatzung	-
Bespannung	ohne, 4–6 Mann im Mannschaftszug
Gewicht, leer	
Gewicht, beladen	zirka 85 kg
Länge	2960 mm (mit Deichsel) 1660 mm (Kasten)
Breite	1680 mm
Höhe	1750 mm (mit Leiter)
Bodenfreiheit	400 mm
Spurweite	1425 mm
Raddurchmesser	800 mm
Radreifenbreite	
Bereifung	Eisen
Federung	ohne

Konstruktive Details:
Einachsiges Fahrzeug, bestehend aus Untergestell mit Achse, Rädern und feststehender Handdeichsel sowie Holzstützen vorn und hinten, kastenartiger Aufbau aus Holz und Hartfaserplatten, Beschlagteile aus unvergütetem Stahlblech, Halterung für mehrteilige Holzleiter.

Entwicklung / Einsatz / Besonderheiten:
Zu Beginn des Zweiten Weltkrieges boten mehrere Herstellerfirmen für Zwecke des Feuerlöschwesens im Rahmen des Luftschutzes verschiedene Lösch- und Schlauchkarren an. Die Ausweitung des Luftkrieges über Deutschland ließ den Bedarf an Handwagen und -karren sprunghaft ansteigen.
Das führte dazu, dass nach Vorlagen der Feuerwehrtechnischen Normenstelle in Berlin behelfsmäßige Lösch- und Tragkraftspritzenkarren hergestellt wurden. Sie gehörten zur Ausrüstung der nicht mit Kraftfahrzeugen ausgestatteten Löscheinheiten des Selbstschutzes, im Werkluftschutz, bei den Feuerlöscheinheiten in den Heeresgutsbezirken der Deutschen Wehrmacht und bei der Freiwilligen Feuerwehr.

Achse, gekröpft
Teil (eine Welle, ein Rund- oder Profileisen), das zwei in Fahrtrichtung nebeneinander liegende Räder eines Fahrzeuges verbindet. Bei militärischen Feldfahrzeugen sind sie oft gekröpft, d. h. sie zeigen eine für die Erhöhung der Bodenfreiheit notwendige, nach oben weisende Ausbiegung.

Aptierung, aptieren
Etwas anpassen, herrichten, seine Gebrauchseigenschaften verändern, neuen Bedingungen entsprechen.

Bagagen
(französisch: bagage; ursprünglich Tross, Gepäck, Reisegepäck).
Bagagen dienen dem engeren Wirtschaftsbetrieb der Truppe. Sie beinhalten alles, was diese für den ersten Bedarf während des Gefechts und im Zustand der Ruhe benötigt. Sie machen die Truppe für kurze Zeit vom Nachschub unabhängig und gewähren den Verwundeten und Kranken erste Fürsorge. Sie gliedern sich in die Gefechtsbagage (frühere Bezeichnung: kleine Bagage) und die große Bagage für das Quartier oder Biwak.

Balanciersystem

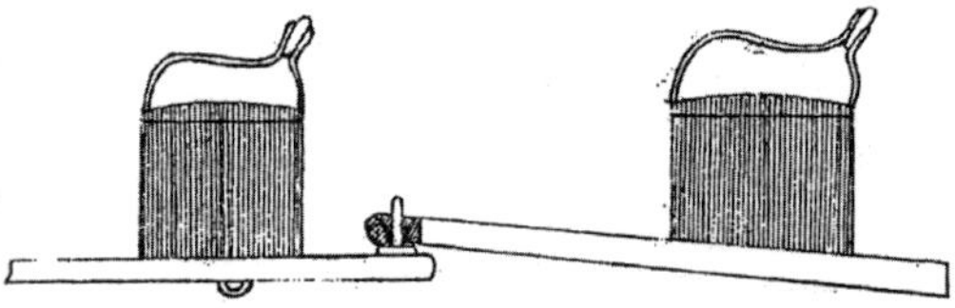

Deichsel
(vom mittelhochdeutschen dihsel; ursprünglich Zugstange).
Eine Deichsel besteht aus einer oder zwei Stangen und ist der Teil des Wagens, an den die Zugtiere gespannt werden. Sie dient dem Ziehen und Lenken des Wagens. Ihr hinteres,

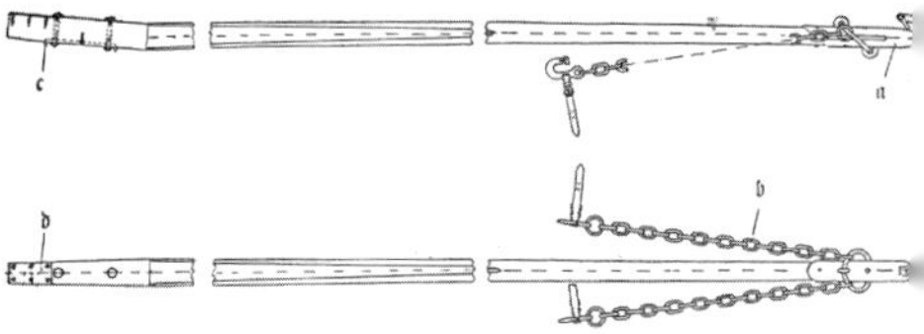

a = Zughaken
b = Aufhaltekette
c = Deichselkeilschiene
d = Scheuerblech

keilförmiges Ende lagert zwischen den Deichselarmen. Deichseln wurden üblicherweise aus Eschenholz gefertigt; in der zweiten Hälfte der 1930er Jahre wurden sie durch Deichseln aus gerolltem und stumpf aneinander geschweißtem Stahlblech verdrängt.

Deichselarme
Die beiden aus Holz gefertigten und mittels Armschienen und Armriegel verstärkten Deichselarme laufen parallel. An den Deichselarmen befestigt sind die Vorderachse, die *Hinterbracke,* der Lenkkranz, die Protznagelscheibe mit *Protznagel* sowie das vordere und hintere Scherband.

Futterration
Die Tagesrationen für Dienstpferde wurden nach Zug- und nach Reitpferden unterschieden. Im Standort gab es sogenannte kleine Rationen, im Einsatz große Rationen. Eine kleine Ration schwankte zwischen 4,75 bis 5 kg Hafer, 3,5 kg Heu und 3,5 bis 4 kg Stroh; die große Ration zwischen 5,25 bis 6 kg Hafer, 3,5 kg Heu und 1,75 bis 2,25 kg Stroh. Als Ergänzungsfuttermittel wurden unter anderem Gerste, Roggen, Mais, Erbsen und Bohnen, Ölkuchen und Grünfutter verabreicht. Zur Anregung der Verdauung konnten Weizenkleie, Rüben und Salz hinzugegeben werden.

Hinterbracke
Aus dem Brackholz mit mehreren Beschlägen oder aus einem Stahlrohr bestehende Vorrichtung, die quer über oder unter den Deichselar-

men befestigt wird. An ihren Enden befindet sich jeweils ein Zughaken mit Sperrbügel zum Einhängen der von den Hinterpferden kommenden Geschirrtaue. Von der Hinterbracke wird der Zug mittels Deichselarmen und Brackstangen auf die Vorderachse (den Vorderwagen, die Protze) übertragen.

Kandare

(ungarisch: kantár; Zaum oder Zügel).
Zum Zaumzeug des Pferdes gehörende Gebissstange. Die S-Kandare, wie sie im deutschen Heer verwendet wurde, gab es in drei Gebissnummern, jede mit kleiner, mittlerer und großer Zungenfreiheit.

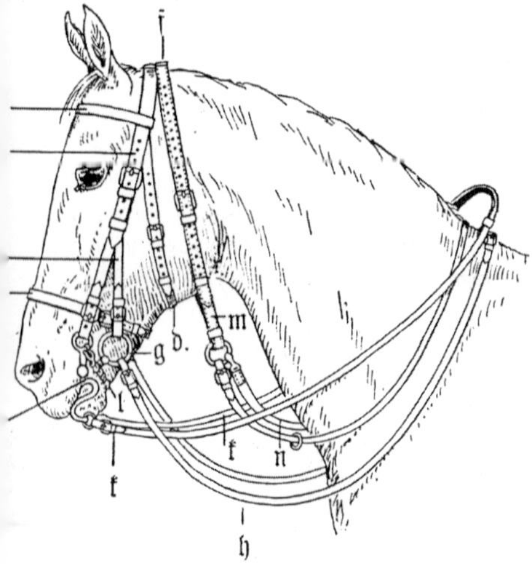

Kraftzug

Fortbewegung eines Fahrzeuges hinter einem Motorwagen, einer Rad-, Halbketten- oder Kettenzugmaschine

Kumtgeschirr

(eigentlich kummet, Kumt).
Gepolsterter Bügel, der um den Hals von Zugtieren gelegt wird. Mit seiner Hilfe wird die Zugleistung auf die zum Wagen führenden Geschirrtaue übertragen. Das Kumtgeschirr ermöglicht größere Zugleistungen als Sielengeschirre. Trotzdem ist seine Verwendung beim deutschen Militär eher eine Ausnahme.

Lenkungswinkel

Maximal möglicher Einschlag einer beweglich gelagerten Achse, an deren beiden Enden sich Räder befinden.

Lenkscheitsystem

Siehe auch *Protznagelsystem*.

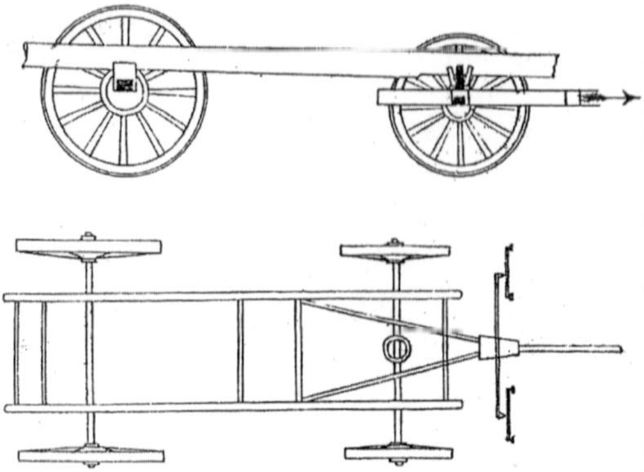

Mannschaftszug

Fortbewegung eines Fahrzeuges durch eine aus Soldaten bestehende Mannschaft, durch die Bedienung eines Geschützes oder zeitweilig dafür eingeteilte Mannschaftsdienstgrade.

Marschleistung

Die tägliche Marschleistung für ein Zugpferd war laut Dienstvorschrift auf 30 km festgelegt, im Einsatz wurde oft mehr verlangt.

Ortscheit

Querholz, an dem ein Zugtier vor einen Wagen gespannt wird. Ortscheite bestehen aus Stahl-

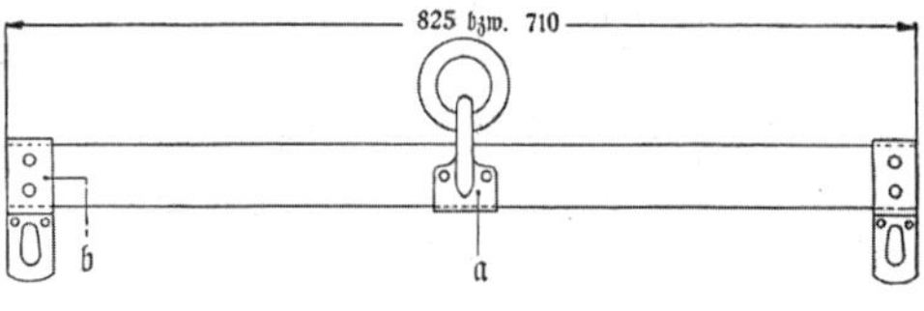

rohr mit Holzfutter und werden in den Zughaken der Hinterbracke eingehängt. Ihre Länge beträgt bei
leichten und schweren Feldwagen, großer Feldküche: 825 mm
kleinen Feldwagen, kleiner Feldküche: 710 mm.

Protze
Pferdebespannte Geschütze haben zum Fahren eine Protze, einen einachsigen Vorderwagen mit Deichsel und Protzkasten. Sie dienen dem Mitführen des Schießbedarfs, von Zubehör, auch zum Aufsitzen eines Teils der Geschützbedienung. Schwere Geschütze werden mit Sattelprotzen transportiert; sie haben keinen Protzkasten (vgl. Abb.).

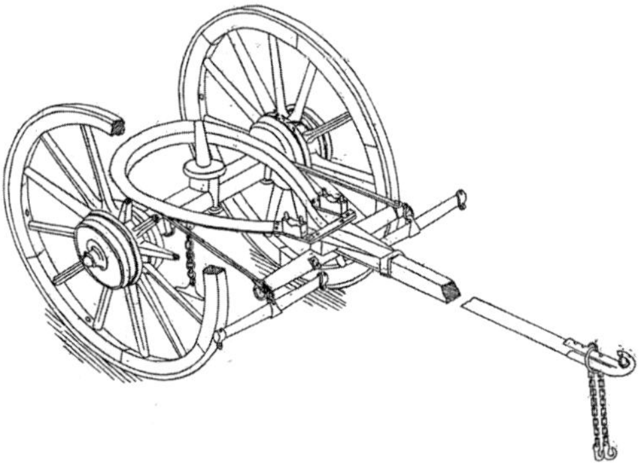

Protznagel
Ein kegeliger Dorn, der am hinteren Ende der Deichselarme senkrecht aufgestellt ist und das Vorderwagengestell mit dem auf dem Hinterwagengestell befestigten Hinterwagenkasten verbindet. Er ermöglicht das seitliche Schwenken möglich; der Ausschlag wird durch eine Kette begrenzt.

Protznagelsystem
Siehe Protznagel.

Radnabe
Die Achse umschließender Teil des Rades. Er ist über Speichen oder eine Scheibe mit der Radfelge verbunden.

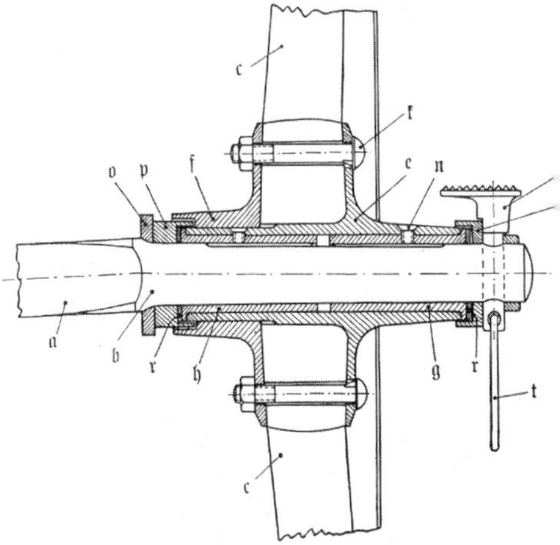

a = Mittelachse
b = Achsschenkel
c = Speiche
e = Feste Nabenscheibe
f = Lose Nabenscheibe
g = Äußerer Buchsring
h = Innerer Buchsring
k = Nabenbolzen mit Mutter
n = Sicherungsschraube
o = Platte zur Stoßscheib.
p = Stoßscheibe
q = Röhrscheibe
r = Lederring
s = Lünse
t = Vorstecker

Runge
Rundstab, bei landwirtschaftlichen, vereinzelt auch bei militärischen Fahrzeugen seitlich an einer Ladefläche befestigte Stange. Sie dient als Halterung für die Seitenwände oder als Stützen für längeres bzw. großvolumiges Ladegut (Stangenholz, Raufutter).

Sielengeschirr
Dient der Anspannung von Zugtieren, vornehmlich von Pferden. Die Zugleistung wird über einen um die Brust gelegten breiten Riemen aus Leder auf die Geschirrtaue übertragen. Es besteht aus dem Brustblatt, dem Halsriemen und der Halskoppel. Im deutschen Heer waren die Sielengeschirre 16 und 25 verbreitet.

Spindelbremse
Durch Rechts- oder Linksdrehen einer Handkurbel werden die Bremsklötze über eine mit Gewinde versehene Welle gegen die Wagenräder gezogen oder von ihnen abgedrückt.

(Ansicht von unten.)

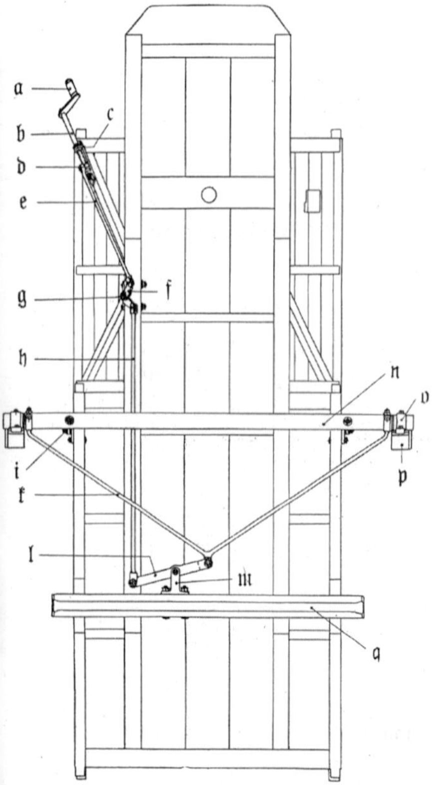

a = Kurbel
b = Bremsspindel
c = Bremsspindellager
d = Bremsspindelmutter
e = Obere Zugstange
f = Vorderer Bremshebel
g = Vorderer Drehzapfen
h = Untere Zugstange
i = Hinterer Drehzapfen
k = Bremsstrebe
l = Hinterer Bremshebel
m = Lagerbock
n = Bremsbalken
o = Bremsklaue
p = Bremsklotz
q = Achsfutter

Spriegel

(älter Sprügel, gleich Bügel).
Gebogener Holz- oder Metallbügel, mit dem eine Plane oder Ähnliches gehalten bzw. verspannt wird.

Train

(französisch: Train, die für den Nachschub sorgende Truppe; der Tross).
Ein Armeekorps verfügte in der Regel über zwei Trainabteilungen mit je drei Proviantkolonnen, drei bis vier Fuhrparkkolonnen, ein bis zwei Pferdedepots und sechs Feldlazaretten. Dazu zählten weiterhin drei Feldbäckereikolonnen und ein Korpsbrückentrain.

Unabhängigkeitssystem

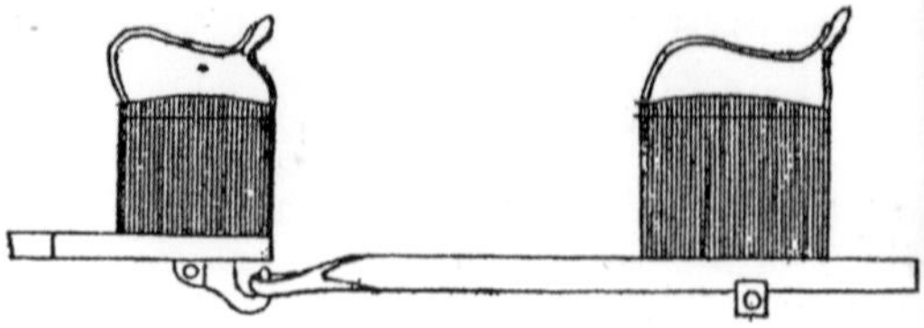

Verbessertes Lenkscheitsystem

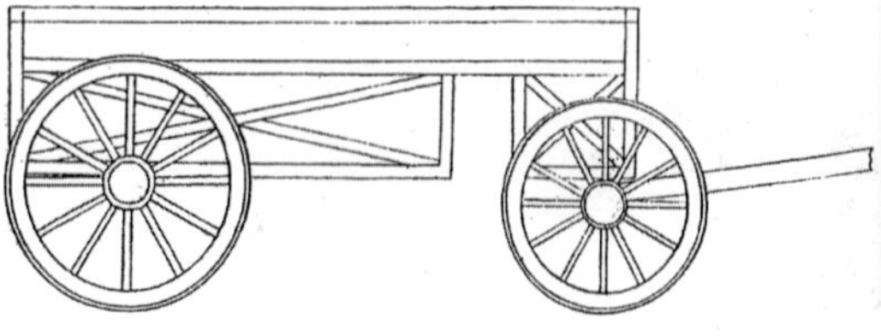

Vorderbracke

Querholz, an dem zwei Zugpferde vor eine Wagendeichsel gespannt werden. Sie besteht aus Stahlrohr, ist mit Holzfutter ausgefüllt und einheitlich 1400 mm lang. Vorderbracken sind für den mehrspännigen Zug bestimmt.

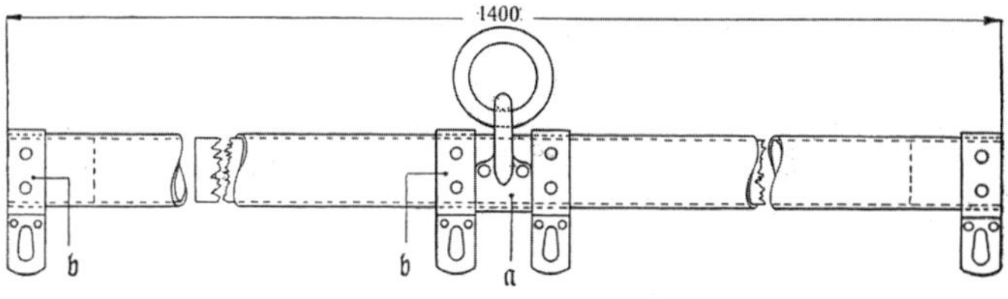

a = Mittelkappe mit Ring
b = Endkappe.